高等职业教育建筑类教材（立体化）

GAODENG ZHIYE JIAOYU JIANZHULEI JIAOCAI（LITIHUA）

JIANZHU XINXI MOXING（BIM）GAILUN
建筑信息模型（BIM）概论

主编○叶　雯　路浩东

主审○赵　彬

U0240615

重庆大学出版社

内容提要

建筑信息模型（BIM）技术是一种应用于工程设计建造管理的数据化工具，旨在提高生产效率、节约成本和缩短工期方面发挥重要作用。本书全面地介绍了 BIM 相关的概念、理论、发展历程、标准和软件以及 BIM 在建设项目各阶段的应用等，使建设工程相关从业人员通过本书的学习能够系统而全面地掌握 BIM 的基本理论与方法，从而推动 BIM 在建设项目全生命周期的理论研究与应用实践，促进建设工程信息化建设。

本书包括 BIM 基础知识、BIM 工程师的素质与职业发展、BIM 软件体系、BIM 技术在项目各环节的应用、BIM 未来的展望以及 BIM 标准等内容，适用于建筑类高校学生、建筑业从业人员，也可以作为相关 BIM 技术资格证考试的参考用书。

图书在版编目（CIP）数据

建筑信息模型（BIM）概论/叶雯，路浩东主编.
—重庆：重庆大学出版社，2017.1（2021.7 重印）
高等职业教育建筑类教材
ISBN 978-7-5689-0307-3

Ⅰ.①建…　Ⅱ.①叶…　②路…　Ⅲ.①建筑设计—
计算机辅助设计—应用软件—高等职业教育—教材
Ⅳ.①TU201.4

中国版本图书馆 CIP 数据核字（2016）第 324309 号

建筑信息模型（BIM）概论

主　编　叶　雯　路浩东
主　审　赵　彬

责任编辑：肖乾泉　　版式设计：肖乾泉
责任校对：谢　芳　　责任印制：赵　晟

*

重庆大学出版社出版发行
出版人：饶帮华
社址：重庆市沙坪坝区大学城西路 21 号
邮编：401331
电话：(023) 88617190　88617185（中小学）
传真：(023) 88617186　88617166
网址：http://www.cqup.com.cn
邮箱：fxk@cqup.com.cn（营销中心）
全国新华书店经销
重庆升光电力印务有限公司印刷

*

开本：787mm×1092mm　1/16　印张：11.5　字数：280 千
2017 年 3 月第 1 版　　2021 年 7 月第 5 次印刷
印数：9 001—11 000
ISBN 978-7-5689-0307-3　定价：39.00 元

前言

建筑信息模型(Building Information Modeling, BIM)技术是目前建筑业热门的方向之一,它涵盖了几何学、空间关系、地理信息系统、各种建筑组件的性质和数量。BIM技术贯穿于整个建筑全生命周期,涵盖了从兴建过程到营运过程以及最终的拆除过程。BIM技术能够实现三维渲染,宣传展示、快速算量,精度提升、精确计划,减少浪费、多算对比,有效管控、虚拟施工,有效协同、碰撞检查,减少返工、冲突调用,决策支持。

BIM技术进入中国已有10余年,在这期间得到了各级政府、各行业协会、设计单位、施工单位、科研院所的大力支持,推动其在国内的快速发展与本地化进程,软件种类越来越多,也越来越接近我国国情。

但BIM技术发展到今天依然存在诸多不足,有待改进,也需要更多的人员投入其中。本书为读者提供了较为全面的BIM技术讲解,包括BIM技术概念的内涵与外延、BIM技术特点、BIM技术软件平台介绍、BIM技术在建筑业中的应用、BIM标准以及BIM技术未来的展望,能够让读者对BIM技术有一个全面正确的了解,以便有针对性地进行后续软件学习。

本书由广州番禺职业技术学院叶雯、路浩东担任主编,广州番禺职业技术学院汪洋、赵佳蓓、赵玉冰、涂蓉参加了编写。具体编写分工如下:汪洋编写了第1章,赵佳蓓编写了第2章,赵玉冰编写了第3章,叶雯、路浩东编写了第4章和第6章,涂蓉编写了第5章。全书由重庆大学赵彬主审,在此表示衷心感谢。

本书在编写过程中参考了大量的文献,借鉴了相关书籍内容,也得到了北京互联立方技术服务有限公司王君峰副总经理的大力支持和帮助,在此表示感谢。

由于编写时间仓促,错漏之处在所难免,恳请广大读者批评指正。

编　者

2016年10月

目 录

第1章 BIM 基础知识

1.1 BIM 概述

1.1.1 BIM 概念

长期以来,三维空间作为建筑最主要的属性,其形态组织一直是建筑师关注的焦点。然而,随着市场经济的发展、能源危机和环境问题的出现,建筑的另外两个维度——时间与能量,成为人们无法忽视的主题。20世纪70年代的石油危机之后,保护生态环境、建设绿色家园的呼声在全球范围内日益高涨,对可持续建筑的研究也迅速在世界各国展开。这种"可持续"的概念已经在事实上突破了传统建筑的三维空间概念。建筑增加了时间与能量两个向量,呈现一种"五维"的特性。建筑设计进一步走向了复杂化。这就要求建筑从业者要以更快速、更节能、成本更加低廉、风险更小的方式进行管理、设计与施工。BIM 应运而生。

从 BIM 技术出现开始,人们就想对其概念进行严格的界定,但是受到两方面因素的影响,使得人们难以对其进行准确的解释。一方面,BIM 技术出现的时间比较晚,至今发展也不过40年,相关的理论还不全面,无法对其进行准确的定义,或者说是无法使定义内容概括 BIM 技术涉及的方方面面;另一方面,从建筑描述系统出现开始,BIM 技术是不断发展和变化的,至今还处于不断完善和改进的过程中,这就使得相关概念的界定变得更加困难,无法对其进行统一的解释说明。

虽然无法对 BIM 技术概念进行准确的定义,但是 BIM 技术的概念通常包括以下几个方面的内容:

①BIM 技术涉及的内容包括建筑工程管理的方方面面,贯穿于建筑工程项目的全过程中,而不仅仅是建立一个信息系统模型就可以完成的。

②和传统的二维建筑工程设计和管理模式相比,BIM 技术具有精细、高效、信息统一的优势,BIM 技术的出现改变了传统建筑工程管理粗放的模式。

③BIM 技术的出现将会引起建筑业新一轮的技术变革,使建筑行业面临更大的挑战和机遇。

欧特克(Autodesk)公司对其提出的 BIM 定义为:建筑物在设计和建造的过程中,创建和使用"可计算"数字信息,这些数字信息能够被程序系统自动管理,使得经过这些数字信息所计算出来的各种文件,自动具有彼此吻合、一致的特性。BIM 是计算机辅助设计理念的进一步延伸。

欧特克的市场部经理肯·霍尔(Ken Hall)给出了更形象的解答:当你设计出一个建筑时,你可以用书面文字去描述它的设计;你可以用二维平面图表达它,你也可以用三维空间对象的方式,以更加清晰的方式表达;同时还有第四维度——时间维度的加入,还可以加入第五个维度,就是建筑的成本;更进一步,我们可以分别估测建筑的运营成本和工程成本。这是一个基于整体、逐层深入的过程，BIM 的体系也体现了这种递归思想。

根据美国国家 BIM 标准的定义，其定义由以下 3 部分组成：

①BIM 是一个设施（建设项目）物理和功能特性的数字表达。

②BIM 是一个共享的知识资源，是一个分享有关这个设施的信息，为该设施从概念到拆除的全生命周期中的所有决策提供可靠依据的过程。

③在项目的不同阶段，不同利益相关方通过在 BIM 中插入、提取、更新和修改信息，以支持和反映其各自职责的协同作业。

BIM 采用面向对象的方法描述包括三维几何信息在内的建筑的全面信息，这些对象化的信息具有可复用、可计算的特征，从而支持通过面向对象编程实现数据的交换与共享。在建筑项目中，采用遵循共同标准的建筑信息模型作为建筑信息表达和交换的方式，将显著地促进项目信息的一致性，减少项目不同阶段之间信息传递中的信息丢失，增强信息的复用性，减少人为错误，极大地提高建筑行业的工作效率和技术、管理水平。

1.1.2　BIM 专业术语

何关培、黄锰钢在《十个 BIM 常用名词和术语解释》中对各种 BIM 文献和产品资料上出现频率最高的十个相关名词和术语进行了归纳解释。

（1）名词：BIM——Building Information Modeling——建筑信息模型

准确一点说应该称为"建筑信息建模""建筑信息模型方法""建筑信息模型过程"，但约定俗成，就称为建筑信息模型。只是在交流时应该记住，BIM 或"建筑信息模型"是指"Building Information Modeling"，而不是"Building Information Model"。

（2）名词：BIM Model——Building Information Model——BIM 模型

BIM 模型是 BIM 这个过程的工作成果，或者说是上一节 BIM 定义为建设项目全生命周期中设计、施工、运营服务的"数字模型"。在实际工作中，一个建设项目的 BIM 模型通常不是一个，而是多个在不同程度上互相关联的用于不同目的的数字模型，尽管在逻辑上，可以把和这个设施有关的所有信息都放在一个模型中。

一个项目常用的 BIM 模型有以下 7 种类型：

①设计和施工图模型。

②设计协调模型。

③特定系统的分析模型。

④成本和计划模型。

⑤施工协调模型。

⑥特定系统的加工详图和预制模型。

⑦竣工模型。

（3）名词：BIM Authoring Software——BIM 建模软件

通常，业界所说的 BIM 软件大多数情况下是指"BIM 建模软件"，而真正意义的 BIM 软件所包含的范围应该更广一些，包括 BIM 模型检查软件、BIM 数据转换软件等。为防止可能出现的混淆，在把 BIM 定义为利用数字模型服务于建设项目全生命周期各项工作过程的前提下，使用 BIM 建模软件更为稳妥一些。

目前，具备一定市场影响力的几个主要用于工业与民用建筑类项目的 BIM 建模软件有：

Autodesk 公司的 Revit 系列,Bentley 公司的 Bentley Architecture 系列,Gehry Technologies 公司的 Digital Project,Graphisoft 公司的 ArchiCAD,Nemetschek 公司的 AIIPLAN(Vectorworks)。

（4）名词:NIBS——National Institute of Building Sciences——美国建筑科学研究院

美国建筑科学研究院是美国国家 BIM 标准(NBIMS)的研究和发布机构,大量的 BIM 及其关联概念、技术、方法、流程、资料都与该机构有关。

NIBS 集合政府、专家、行业、劳工和消费者的利益,专注于发现和解决影响既安全又支付得起的居住、商业和工业设施建设的问题和潜在问题,同时为私营和公众机构就建筑科学技术的应用提供权威性的建议。

（5）名词:bSa——building SMART alliance——building SMART 联盟

building SMART 联盟是美国建筑科学研究院在信息资源和技术领域的一个专业委员会,是 2007 年在原有的国际数据互用联盟(IAI,International Alliance of Inter operability)的基础上建立起来的。据统计,建筑业设计、施工的无用功和浪费高达 57% ,而制造业只有 26% 。building SMART 联盟认为通过改善提交、使用和维护建筑信息的流程,建筑行业完全有可能在 2020 年消除高出制造业的那部分浪费(31%)。按照美国 2008 年大约 1.2 万亿美元的设计施工投入计算,这个数字就是每年将近 4 000 亿美元。Building SMART 联盟的目标是建立一种方法抓住这个每年 4 000 亿美元的机会,以及帮助应用这种方法通往一个更可持续的生活标准和更具生产力及环境友好的工作场所。

目前,building SMART 联盟目前的主要产品包括:

①IFC 标准(Industry Foundation Classes,IFC2x4 beta 3 Versionl)。

②美国国家 BIM 标准第一版第一部分(National Building Informational Modeling Standard Version 1 Part 1)。

③美国国家 CAD 标准第 4 版(United States National CAD Standard Version 4.0)。

④BIM 杂志(JBIM——Journal of Building Information Modeling)。

同时,还需避免 building SAMRT 联盟与另一个名词术语的混淆——building SMART International(building SMART 国际)。Building SMART 国际是一个致力于 IFC 标准的制定、应用和推广,由业主、建筑师、工程师、工程承包商、制造商、设施管理人员以及相关软件商组成的国际性会员组织,在北美、欧洲、亚洲和澳大利亚等地区设有分支机构。

（6）名词:NBIMS——United States National Building Information Modeling Standard——美国国家 BIM 标准(简称"美国 BIM 标准")

美国国家 BIM 标准(NBIMS)和美国国家 CAD 标准(NCS)是 building SMART 联盟负责的两项主要工作。2007 年发布的美国国家 BIM 标准封面传递了美国国家 BIM 标准的如下信息:

①目前的 BIM 标准是"第一版第一部分",包括"概论、原理和方法",这个标准尚处于发展的初期。

②BIM 标准的目的是"通过开放和互通的信息交换来改造建筑供应链"。

美国 BIM 标准现在这个版本的主要内容包括美国 BIM 标准导论、序言、信息交换概念、信息交换内容和美国 BIM 标准开发过程等。

美国 BIM 标准由使用 BIM 过程和工具的各方定义相互之间数据交换要求的明细和编码组成,计划中将完成的工作包括:

①出版交换明细，用于建设项目生命周期整体框架内的各个专门业务场合。

②出版全球范围接受的，公开标准下使用的交换明细编码作为参考标准。

③促进软件厂商在软件中实施上述编码。

④促进最终用户使用经过认证的软件来创建和使用可以互通的 BIM 模型交换。

（7）名词：NCS——United States National CAD Standard——美国国家 CAD 标准（简称"美国 CAD 标准"）

NCS 是美国 CAD 标准的简写。美国 CAD 标准是唯一一个在设计、施工和设施管理行业使用的全面完整的 CAD 标准，其目的是实现建筑业设计、施工、运营领域对 CAD 标准的广泛使用，从而建立起一套服务于设计和制图过程的共同语言。美国 CAD 标准的使用将帮助各类机构去除目前正在承担的多余费用，包括维护企业标准、培训新员工、协调团队成员之间的实施等。同时，2D 标准将在朝 BIM 软件系统和基于对象的 3D 标准的转换中承担关键角色。

（8）名词：IFC——Industry Foundational Classes——工业基础类（IFC 标准）

谈 BIM 必谈数据共享和交换，而数据标准的建立是解决信息交换与共享问题的关键。在众多相关数据标准中，最被行业广泛接受的数据标准是 building SMART 国际发布的 Industry Foundation Classes（IFC），译为"工业基础类"，但业者更习惯称为"IFC 标准"。

IFC 标准的目标：为建筑行业提供一个不依赖于任何具体系统的、适合于描述贯穿整个建筑项目生命周期内产品数据的中间数据标准（neutral and open specification），应用于建筑物生命周期中各个阶段内以及各阶段之间的信息交换和共享。

IFC 标准的定义和内容：IFC 标准是一个计算机可以处理的建筑数据表示和交换标准（传统的 CAD 图纸上所表达的信息只有人可以看懂，计算机无法识别）。IFC Schema（IFC 大纲）是 IFC 标准的主要内容。IFC Schema 提供了建筑工程实施过程所处理的各种信息描述和定义的规范，这里的信息既可以指一个真实的物体，如建筑物的构件，也可以表示一个抽象的概念，如空间、组织、关系和过程等。IFC Schema（由下至上）整体由资源层、核心层、共享层和领域层 4 个层次构建，如图 1.1 所示。

①资源层（Resource Layer）：包含了一些独立于具体建筑的通用信息的实体（entities），如材料、计量单位、尺寸、时间、价格等信息。这些实体可与其上层（核心层、共享层和领域层）的实体连接，用于定义上层实体的特性。

②核心层（Core Layer）：提炼定义了一些适用于整个建筑行业的抽象概念，如 actor, group, process, product, control, relationship 等。比如说，一个建筑项目的空间、场地、建筑物、建筑构件等都被定义为 Product 实体的子实体，而建筑项目的作业任务、工期、工序等则被定义为 Process 和 Control 的子实体。

③共享层（Interoperability Layer）：分类定义了一些适用于建筑项目各领域（如建筑设计、施工管理、设备管理等）的通用概念，以实现不同领域间的信息交换。比如说，在 Shared Building Elements Schema 中定义了梁、柱、门、墙等构成一个建筑结构的主要构件；而在 Shared Services Element Schema 中定义了采暖、通风、空调、机电、管道、防火等领域的通用概念。

④领域层（Domain Layer）：分别定义了一个建筑项目不同领域（如建筑、结构、暖通、设备管理等）特有的概念和信息实体。比如说，施工管理领域中的工人、施工设备、承包商等，结构工程领域中的桩、基础、支座等，暖通工程领域中的锅炉、冷却器等。

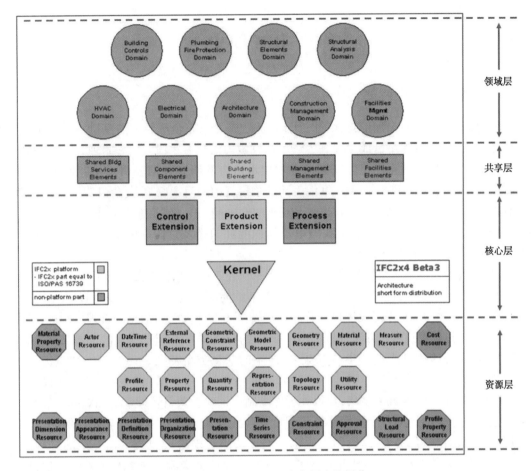

图 1.1　IFC Schema 内容层次的划分

IFC 标准已被接收成为 ISO 标准(ISO/PAS 16739)。各大 BIM 软件商,如 Autodesk,Bentley,Graphisoft,Gehry Technolosies,Tekla 等,均宣布了各自旗下软件产品对 IFC 标准的支持,但实现真正基于 IFC 标准的数据共享和交换还有很长一段路要走。IFC 标准使用形式化的数据规范语言 EXPRESS 来描述建筑产品数据。EXPRESS 语言定义在 STEP 国际标准中。

(9)名词:STEP——Standard for the Exchange of Product Model Data——产品数据交换标准(STEP 标准)

国际标准化组织(ISO)工业自动化与集成技术委员会(TC184)下属的第四分委会(SCA)开发的 Standard for the Exchange of Product Model Data (STEP),译为"产品数据交换标准",也称为"STEP 标准",它是一个计算机可读的关于产品数据的描述和交换标准。它提供了一种独于任何一个 CAX 系统的中性机制来描述经历整个产品生命周期的产品数据。STEP 标准已成为 ISO 国际标准(ISO 10303)。

(10)名词:EXPRESS/EXPRESS——G-EXPRESS 语言/EXPRESS-G 语言

EXPRESS 是一种表达产品数据的标准化数据建模语言(data modeling language),定义在 ISO 10303—11 中。EXPRESS-G 是 EXPRESS 语言的图形表达形式。EXPRESS 和 EXPRESS-G 是 IFC Schema 使用的数据建模语言。

1.2　BIM 简史

1.2.1　BIM 产生的背景

目前全球正逐渐步入全面信息化的时代,信息已成为主导全球经济的基础。在制造业、金融业、电子行业,信息技术早已成为提高生产率和竞争力的核心手段。而建筑业,正逐渐暴露出其相对于以上行业的低效率。美国国家标准和技术协会的研究数据表明,2004 年建筑业每年约有 158 亿美元的损失;2008 年,418 万亿美元的总投资中约有 30% 的资金浪费。我国在 2010 年,向建筑项目投入逾 1 万亿美元,首次超越美国,成为全球第一建筑大国。预计到 2020 年,中国将占到全球建筑业的 1/5。但目前我国单位面积能耗却是发达国家的 2~3 倍,由此引发的能源枯竭、环境破坏等问题日益严重。

针对以上建筑业的低效率和浪费现象,发达国家从建筑业信息化方面进行了深入的研究和工程实践,并且已经认识到要提高建筑业的生产效率,节约能源,必须提高建设项目管理的水平。而在信息高度发达的今天,对于建设项目的管理已经转变为对建设项目信息的管理。因此,必须及时采取先进的信息管理技术和方法,提升整个建筑业的管理水平,促进建筑业的发展。

在建设项目整个生命周期中参与方众多,产生的信息类型复杂、形式多样、数量庞大。因此,在管理的过程中,信息沟通不畅或不及时和普遍存在的"信息孤岛"现象,导致建设项目整个生命周期中严重的信息流失现象,在很大程度上制约了建设项目管理水平和效率的提高。目前,建设项目整个生命周期各个阶段信息化程度已经无法满足现状发展的需要。例如,计算机辅助建设建筑设计领域 2D CAD 绘图工具也已经无法满足现阶段建筑工程复杂的结构需求。工程建设的成功实施在很大程度上取决于参与各方之间信息交流的效率和有效性。建设项目管理过程中的许多问题,如成本增加、工程变更、工期延误等都与参与各方之间信息交流问题有关。为此,建设项目生命周期信息管理的重点就是建设项目全生命周期内信息创建、管理和共享的过程。而 BIM 在建设项目信息管理中的优势明显。

传统建筑业的绘图工作以 2D 计算机辅助绘图来传达设计者的构想,虽然提高了绘图效率,但因图纸说明常过于简化,导致信息传达错误或是猜测而产生错误的判断。此外,若不是该专业领域的人员,较难理解 2D 平面视图真实的内容与意义,因此需花费许多时间让各工程单位的相关人员完全了解大量图纸的内容,并且不同的团队对于图纸说明因个人背景与环境差异通常有不同的解读。建筑、结构、机电这 3 项主要的建筑系统皆为独立设计,当大量建筑信息传递给项目其他阶段参与人员时,造成参与人员对信息必须重新解读。解读过程中,信息容易产生遗漏或冲突,形成信息传递的逆流情形。

BIM 将建筑物从规划设计开始至运营维护阶段全生命周期的建筑物信息整合于单一模型,以数据库形式及参数式组件的概念区别于传统 2D 平面绘图的概念及工作流程。BIM 改变了现今建筑产业的普遍做法,增进了团队之间的协同作业,更纳入不同领域的信息进行整合。其改变还包含了在设计过程中不再以线条的组成和空间代表建筑项目的空间关系或平面图上所表示的符号代表建筑组件,取而代之的是以建筑组件为单位,如墙组件、楼板组件、天花板组件、柱组件等。绘制墙面时则选择墙组件直接绘制其所在位置,每个组件的内涵参数供用户调整其参数内容,如组成材质、尺寸等。

同时,大型工程的复杂程度更高,结构复杂、设计施工等各环节上的协调性需要更加高效和准确的技术。基于三维的复杂模型的平台和软件对服务器和计算机的软、硬件要求都很高,而IT产业的快速发展则有效支撑了BIM发展。

1.2.2　BIM概念提出

BIM系统的概念基础可以追溯到1962年。Douglas C. Englebart在其论文《扩张人类智慧》中将未来建筑师描述得不可思议:建筑师接下来将开始输入一系列规范和数据——6 in的平板楼板、12 in的混凝土墙等。当他完成时,这些场景将出现在屏幕上,结构已初具规模。他开始检查、调整这些数据,帮助形成更具细节的、内部相连的结构,代表了实际设计背后的成熟思考。

Englebart提出了基于对象的设计、参数化操作和关系数据库,这个梦想在几年后成为现实。许多设计研究者对此有着极大的影响力,包括Herbert Simon、Nicholas Negroponte和开发GIS并行跟踪的IanMcHarg。Christopher Alexander的工作促成了基于对象编程的计算机科学家学派的形成,影响巨大。这些系统周到且完善,要是没有能与建筑模型交互的图形界面,这样的概念框架不会被人们意识到。

20世纪70年代的美国,BIM定义由美国佐治亚理工大学建筑与计算机学院(Georgia Tech College of Architecture and Computing)的查克伊士曼博士(Chuck Eastman, Ph. D.)提出。其被定义为:"建筑信息建模是将一个建筑建设项目在整个生命周期内的所有几何特性、功能要求与构件的性能信息综合到一个单一的模型中。同时,这个单一模型的信息中还包括了施工进度、建造过程的过程控制信息。"

建筑信息模型综合了所有的几何模型信息、功能要求和构件性能,将一个建筑项目整个生命周期内的所有信息整合到一个单独的建筑模型中,而且还包括施工进度、建造过程、维护管理等的过程信息。

美国M. A. Mortenson Company公司定义BIM为"建筑的智能模拟",且此模拟必须具备6个特点。

①数字化(Digital)。

②空间化(Spatial/3D)。

③定量化:可计量化、坐标化、可查询化(Measurable:quantifiable, dimension-able, and query-able)。

④全面化:整合及沟通设计意图、整体建筑性能、可施工性、且包括施工方式方法的顺序性及经济性(Comprehensive:encapsulating and communicating design intent, building performance, constructability, and include sequential and financial aspects of means and methods)。

⑤可操作化:对于整个美国工程委员会及业主都可以通过具有互用性和直观性的平台进行操作(Accessible:to the entire AEClowner team through an interoperable and intuitive interface)。

⑥持久化:在项目生命周期的所有阶段都具有可用性(Durable:usable through all phases of a facility's life)。

美国McGraw-Hill建筑公司在2009年题为"BIM的商业价值(The Business Value of BIM)"的市场调研报告对BIM作了如下定义:"BIM是创建并且利用数字化模型对项目进行设计、施工和运营维护的过程。"

美国国家 BIM 标准对 BIM 的定义如下："BIM 是建设项目兼具物理特性与功能特性的数字化模型，且是从建设项目的最初概念设计开始的整个生命周期里作出任何决策的可靠共享信息资源。实现 BIM 的前提是：在建设项目生命周期的各个阶段，不同的项目参与方通过在 BIM 建模过程中插入、提取、更新及修改信息，以支持和反映出各参与方的职责。BIM 是基于公共标准化协同作业的共享数字化模型。"

1.2.3　BIM 发展历程

1）BIM 在美国的发展

美国是最早提出 BIM 技术概念的国家，同时也是将 BIM 技术应用得最为成功的国家。虽然，亚洲的一些发达国家和地区，如新加坡、日本和中国香港等，在 BIM 技术发展和应用方面也比较成功。但相比于美国而言，还有很大的差距。因此，进行 BIM 技术在美国应用现状的研究，能比较全面地了解美国 BIM 技术发展的情况，及时发现我国在 BIM 技术应用方面和先进国家存在的差距，借鉴其成功经验，同时吸取美国在 BIM 技术应用中的教训，并为我国 BIM 技术的发展树立目标。

美国在 20 世纪 70 年代就开始进行 BIM 技术的研究，最早提出的名称是建筑描述系统，即 BIM 技术的雏形。在 2002 年，BIM 这一名词才真正出现，由美国的 Autodesk 公司提出。从 20 世纪 70 年代至今已经发展了 40 多年，BIM 技术在美国获得了大众的认可。很多建筑企业都使用 BIM 技术，同时美国政府也对此大力支持，不仅颁布了一系列的使用 BIM 技术标准、指南、手册，还引导建筑企业建立 BIM 协会。目前，美国大多建筑项目已开始应用 BIM。美国政府机构推广 BIM 技术的方法值得我国学习和借鉴。

美国的计算机技术发展也比较早，同时也处于世界领先地位，计算机技术的发展和应用使得美国很多行业都获得了飞速的发展，但建筑行业却是例外。计算机技术的应用并没有使建筑工程规划设计和施工技术出现太大的变化。但计算机技术的发展带动了信息化的发展，美国建筑行业在信息化应用方面已经达到比较成熟的阶段，能将很多的理论研究成果转化为生产力，从而使得建筑行业的发展出现根本性的变化。

美国总务管理局为了提高建筑行业的生产效率，在全国建筑行业中大力推广信息化手段，而 BIM 技术正是其中的代表。为使 BIM 技术能更加规范化地应用于建筑行业中，美国总务管理局制订了一系列的计划、标准。而事实已经证明这一决策的正确性。

2）BIM 在英国的发展

2010 年，英国组织了全国性的 BIM 调研，有 43% 的人从未听说过 BIM，而使用 BIM 的人仅有 13%，有 78% 的人同意 BIM 是未来趋势，同时有 94% 的受访人表示会在 5 年之内应用 BIM。

2011 年 5 月，英国内阁办公室发布了政府建设战略（Government Construction Strategy）文件，其中有整个章节是关于建筑信息模型（BIM）的。该章节明确要求，到 2016 年，政府要求全面协同 3D BIM，并将全部的文件以信息化管理。为了实现这一目标，文件制定了明确的阶段性目标。例如，2011 年 7 月，发布 BIM 实施计划；2012 年 4 月，为政府项目设计一套强制性的 BIM 标准；2012 年夏季，BIM 中的设计、施工信息与运营阶段的资产管理信息实现结合；2012 年夏天起，分阶段为政府所有项目推行 BIM 计划；至 2012 年 7 月，在多个部门确立试点项目，运用 3D

BIM技术来协同交付项目。

文件也承认由于缺少兼容性的系统、标准和协议,以及客户和主导设计师的要求存在区别,大大限制了BIM的应用。因此,政府将重点放在制定标准上,确保BIM链上的所有成员能够通过BIM实现协同工作。政府要求强制使用BIM的文件得到了英国建筑业BIM标准委员会[AEC(UK)BIM Standard Committee]的支持。迄今为止,英国建筑业BIM标准委员会已于2009年11月发布了英国建筑业BIM标准[AEC(UK)BIM Standard],于2011年6月发布了适用于Revit的英国建筑业BIM标准[AEC(UK)BIM Standard for Revit],于2011年9月发布了适用于Bentley的英国建筑业BIM标准[AEC(UK)BIM Standard for Bentley Product]。目前,标准委员会还在制定适用于ArchiACD、Vecttorworks的类似BIM标准以及已有的更新版本。

3) BIM在国内的发展

目前,国内对BIM的研究和应用尚处于起步阶段,但是随着建筑业对信息化要求的不断提高,国家科研投入不断增多以及大力推动下,相关的机构和各个部门已经开始在着手研究和应用BIM技术。

2008年,成立了中国的BIM门户网站(www.chinabim.com)。该网站以"推动发展以BIM为核心的中国土木建筑工程信息化事业"为宗旨,是一个为BIM(建筑信息模型)应用者提供信息资讯、专业资料、技术软件以及交流沟通的平台。

2009年4月15日,中国首届"BIM建筑设计大赛"在北京举行,这次设计大赛吸引了来自建设单位、设计单位、施工单位、高等院校的大量科研、技术人员的参与。

2010年开始,中国房地产业协会商业地产专业委员会每年将组织科研人员编制和发布《中国商业地产BIM应用研究报告》,以促进BIM在商业地产领域的推广和应用。

2010年10月14日,建设部发布的《关于做好建筑业10项新技术(2010)推广应用》的通知中,提出要推广使用BIM技术辅助施工管理。

2011年,科技部将BIM建筑信息模型系统作为"十二五"重点研究项目"建筑业信息化关键技术研究与应用"的课题。

2011年5月,住建部发布的《2011—2015年建筑业信息化发展纲要》中明确指出:在施工阶段开展BIM技术的研究与应用,推进BIM技术从设计阶段向施工阶段的应用延伸,降低信息传递过程中的衰减;研究基于BIM技术的4D项目管理信息系统在大型复杂工程施工过程中的应用,实现对建筑工程有效的可视化管理等。从而拉开了BIM技术在中国应用的序幕。

随后,关于BIM的相关政策进入了一个冷静期,没有BIM的专项政策出台,但政府在其他文件中都会重点提出BIM的重要性与推广应用意向。例如,《住建部工程质量安全监管司2013年工作要点》明确指出,"研究BIM技术在建设领域的作用,研究建立设计专有技术评审制度,提高勘察设计行业技术能力和建筑工业化水平";2013年8月,住建部发布的《关于征求关于推荐BIM技术在建筑领域应用的指导意见(征求意见稿)意见的函》明确提出,2016年以前政府投资的2万 m^2 以上大型公共建筑以及省报绿色建筑项目的设计、施工采用BIM技术;截至2020年,完善BIM技术应用标准、实施指南,形成BIM技术应用标准和政策体系。

2014年,各地方政府关于BIM的讨论与关注更加活跃,北京、广东、山东、陕西等各地区相继出台了各类具体的政策推动和指导BIM的应用与发展。其中,上海市政府《关于在本市推进建筑信息模型技术应用的指导意见》(以下简称《指导意见》)正式出台最为突出。《指导意见》

由上海市人民政府办公厅发文,市政府15个分管部门参与制订BIM发展规划、实施措施,协调推进BIM技术应用推广。《指导意见》明确提出,要求2017年起,上海市投资额1亿元以上或单体建筑面积2万m²以上的政府投资工程、大型公共建筑、市重大工程,申报绿色建筑、市级和国家级优秀勘察设计、施工等奖项的工程,实现设计、施工阶段BIM技术应用。

另外,《指导意见》中还提到,扶持研发符合工程实际需求、具有我国自主知识产权的BIM技术应用软件,保障建筑模型信息安全;加大产学研投入和资金扶持力度,培育发展BIM技术咨询服务和软件服务等国内龙头企业。

1.3　BIM特点

1.3.1　可视化

BIM的可视化即"所见即所得"的形式。模型三维的立体实物图形可视,项目设计、建造、运营等整个过程可视。

Dmax,Sketchup等三维可视化设计软件的出现有力地弥补了业主及最终用户因缺乏对传统建筑图纸的理解能力而造成的和设计师之间的交流鸿沟。但这些软件设计理念和功能上的局限,使得这样的三维可视化展现不论用于前期方案推敲还是用于阶段性的效果图展现,与真正的设计方案之间都存在相当大的差距。对于设计师而言,除了用于前期推敲和阶段展现,大量的设计工作还是要基于传统CAD平台,使用平、立、剖等三视图的方式表达和展现自己的设计成果。这种由于工具原因造成的信息割裂,在遇到项目复杂、工期紧张的情况下,非常容易出错。BIM的出现使得设计师不仅拥有了三维可视化的设计工具,更重要的是通过工具的提升,使设计师能使用三维的思考方式来完成建筑设计,同时也使业主及最终用户真正摆脱了技术壁垒的限制:随时知道自己的投资能获得什么,方便相互之间进行更好的沟通、讨论与决策。

BIM提供的可视化思路不仅让人们将以往的线条式的构件形成一种三维的立体实物图形展示在人们的面前,而且在构件之间形成了互动性和反馈性的可视化。在BIM建筑信息模型中,整个过程都是可视化的,所以可视化的结果不仅可以用于展示效果图及生成报表,更重要的是,项目设计、建造、运营过程中的沟通、讨论、决策都可以在可视化的状态下进行。模拟三维的立体事物可使项目在设计、建造、运营等建设过程可视化,方便进行更好的沟通、讨论与决策。

BIM可视化有以下3个方面的作用:

①碰撞检查,减少返工。BIM最直观的特点是三维可视化,利用BIM的三维技术在前期可以进行碰撞检查,优化工程设计,减少在建筑施工阶段可能存在的错误损失和返工的可能性,并优化净空和管线排布方案。施工人员可以利用碰撞优化后的三维管线方案,进行施工交底、施工模拟,提高施工质量,同时也提高了与业主沟通的能力。

②虚拟施工,有效协同。三维可视化功能再加上时间维度,可以进行虚拟施工。随时随地、直观快速地将施工计划与实际进展进行对比,同时进行有效协同,施工方、监理方甚至非工程行业出身的业主领导都可以对工程项目的各种问题和情况了如指掌。这样通过BIM技术结合施

工方案、施工模拟和现场视频监测,大大减少了建筑质量问题、安全问题,减少返工和整改。

③三维渲染,宣传展示。三维渲染动画,给人以真实感和直接的视觉冲击。建好的 BIM 模型可以作为二次渲染开发的模型基础,大大提高了三维渲染效果的精度与效率,给业主更为直观的宣传介绍,提升中标概率。

【案例】杭州奥体博览城

杭州奥体博览城 2006 年规划建设,2007 年正式启动,规划面积近 6 km²,已确定建设项目建筑面积达 270 万 m²,是一个庞大的系统工程,总投资 100 多亿元(图 1.2)。主体育场馆于 2009 年 10 月 29 日开工。

图 1.2　杭州奥体博览城效果图

在杭州奥体博览城的 BIM 建筑信息模型中,构件之间形成互动性和反馈性的可视。可视化的结果不仅可以用来展示,而且可以制作二维设计图纸、报表。更重要的是,项目设计、建造、运营过程中的沟通、讨论、决策都在可视化的状态下进行,如图 1.3 所示。

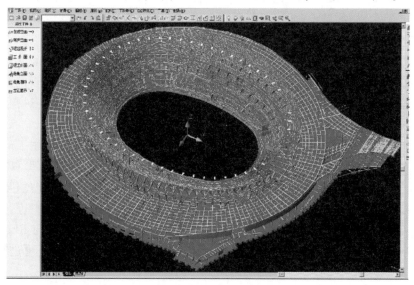

图 1.3　可视化 BIM 模型

1.3.2　一体化

基于 BIM 技术可进行从设计到施工再到运营，贯穿了工程项目的全生命周期的一体化管理。BIM 的技术核心是一个由计算机三维模型所形成的数据库，不仅包含了建筑的设计信息，而且可以容纳从设计到建成使用，甚至是使用周期终结的全过程信息。

以一个建设单位为例，采用 BIM 技术的初期，主要集中于建设项目的设计，用于项目沟通、展示与推广。随着对 BIM 技术认识的深入，BIM 的应用已开始扩展至项目招投标、施工、物业管理等阶段。

（1）设计阶段

建设单位采用 BIM 技术进行建设项目设计的展示和分析：一方面，将 BIM 模型作为与设计方沟通的平台，控制设计进度；另一方面，进行设计错误的检测。在施工开始之前解决所有设计问题，确保设计的可建造性，减少返工。

（2）招标阶段

建设单位借助于 BIM 的可视化功能进行投标方案的评审，这可以大大提高投标方案的可读性，确保投标方案的可行性。

（3）施工阶段

采用 BIM 技术和模拟技术进行施工方案模拟和优化：一方面，提供了一个与承建商沟通的平台，控制施工进度；另一方面，确保施工的顺利进行，保证工期和质量。传统的进度控制方法是基于二维 CAD，存在着设计项目形象性差、网络计划抽象、施工进度计划编制不合理、参与者沟通和衔接不畅等问题，往往导致工程项目施工进度在实际管理过程中与进度计划出现很大偏差。BIM 3D 虚拟可视化技术对建设项目的施工过程进行仿真建模，建立 4D 信息模型的施工冲突分析与管理系统，实时管控施工人员、材料、机械等各项资源的进场时间，避免出现返工、拖延进度现象。通过建筑模型，可以直观展现建设项目的进度计划并与实际完成情况对比分析，了解实际施工与进度计划的偏差，合理纠偏并调整进度计划。BIM 4D 模型使管理者对变更方案带来的工程量及进度影响一目了然，是进度调整的有力工具。

BIM 技术在建设项目成本管理信息化方面有着传统技术不可比拟的优势，可大大提高工程量计算工作的效率和准确性。利用 BIM 5D 模型结合施工进度可以实现成本管理的精细化和规范化，还可以合理安排资金、人员、材料和机械台班等各项资源使用计划，做好实施过程成本控制。

（4）物业管理阶段

前期建立的 BIM 模型集成了项目所有的信息，如材料型号、供应商等可用于辅助建设项目维护与应用。BIM 技术在建筑物使用寿命期间可以有效地进行运营维护管理。BIM 技术具有空间定位和记录数据的能力，将其应用于运营维护管理系统，可以快速准确定位建筑设备组件。图 1.4 所示为某物业管理公司利用 BIM 模型对地下室设备进行管理。对材料进行可接入性分析，选择可持续性材料，进行预防性维护，制订行之有效的维护计划。BIM 与 RFID 技术结合，将建筑信息导入资产管理系统，可以有效地进行建筑物的资产管理。BIM 还可进行空间管理，合理高效地使用建筑物空间。

通过 BIM 建立某大厦整体三维模型，包括所有的管材、阀门、设备、配件等详细技术参数，通过运行模型可快速准确得到所需的信息，解决物业后期管理时需查很多图纸的麻烦，如图1.5所示。

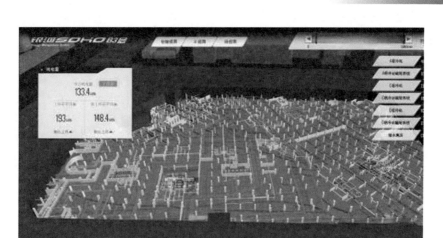

图1.4 地下室设备管理

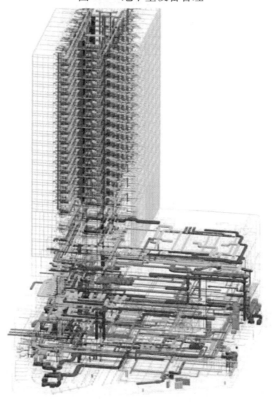

图1.5 某大厦三维模型

建设单位采用BIM技术的操作流程,如图1.6所示。建设单位基于设计方提供二维(2D)设计图纸,采用BIM技术建立3D建筑模型,并进行设计检测分析,直至解决发现的所有设计问题。然后,发布招标信息,要求承建商提供可视化的投标方案,并基于此进行评标和定标。中标的承建商将细化施工方案,并基于BIM技术和模拟技术展示和测试施工方案的可行性,以得到建设单位的认可,进而指导施工。施工结束后,建设单位将基于项目竣工图和其他相关信息,采用BIM技术更新已建立的3D模型,形成最终的BIM模型,以辅助物业管理。

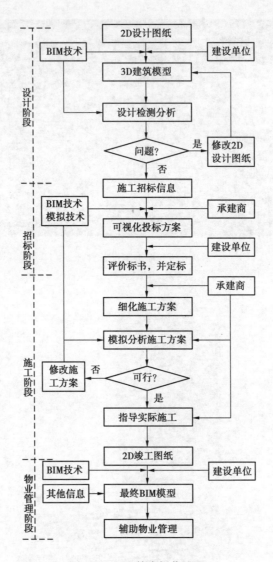

图 1.6　BIM 技术操作流程

1.3.3　参数化

　　BIM 的重要特征之一就是面向对象进行参数化建模。通过参数而不是数字建立和分析模型,利用一定规则确定几何参数和约束,完成面向对象化的模型搭建,简单地改变模型中的参数值就能建立和分析新的模型;BIM 中图元是以构件的形式出现,这些构件之间的不同,是通过参数的调整反映出来的,参数保存了图元作为数字化建筑构件的所有信息。BIM 应用系统中,建筑构件被对象化,数字化的对象通过编码去描述和代表真实的建筑构件。一个对象需要有一系列参数来描述其属性。这个对象的代码必须包含这些参数。参数通常是预先定义好的,或遵守某些制订好的规则。这些参数信息就构成了建筑的属性。例如,一个墙对象是一个具有墙的所有属性的对象,不仅包括几何尺寸信息(如长、宽、高),还包含了墙体材料、保温隔热性能、表面处理、墙体规格、造价,等等。而在一般的 CAD 绘图软件中,墙体是通过两条平行线的二维方式来表达,线条之间没有任何关联。与此同时,数字化的门、窗、墙体、梁、柱等,完全可以表现其相应的物理属性和功能特性,同时具有智能的互动能力。例如,门窗与墙体、墙梁与柱子之间能自动关联并且完成扣减关系,完成几何关系和功能结构的协同统一。

每一个BIM对象都包含了标识自身所有属性特征的完整的参数。除了有单纯的视觉效果,模型还包含了构件的几何数据和一些非几何属性,如材料强度、构件造价、供应商等信息。参数化的意义在于统计与分析,如工程量、材料、设备统计等,在BIM模型中完全可以自动化、智能化完成,同时可以与其他专业软件数据共享,进行结构验算、能耗分析、日照分析、检测碰撞以及虚拟建造等。

面向对象的参数化模型带来的价值包括专业协调、模拟和优化设计。

(1)专业协调

专业协调是建筑工程中的重点内容,施工单位、建设单位、设计单位都在做着协调及互相配合的工作。例如,设计时,往往由于各专业设计师之间沟通不到位,而出现各种专业之间的碰撞问题;施工时,可能在布置管线时正好在此处有结构设计的梁等构件妨碍管线的布置,这是施工中常遇到的碰撞问题。BIM的协调性服务就可以帮助处理这些问题,也就是说,BIM建筑信息模型可在建筑物建造前期对各专业的碰撞问题进行协调,生成协调数据,提供出来。

(2)模拟功能

通过对设计、施工过程的模拟功能,可以提高并优化设计水平、降低施工风险。例如,在招投标和施工阶段可以进行4D模拟(三维模型+项目的发展时间),也就是根据施工的组织设计模拟实际施工,从而来确定合理的施工方案来指导施工;同时还可以进行5D模拟(基于3D模型的造价控制),从而来实现成本控制。

(3)优化设计

BIM模型提供了建筑物的实际存在的完整信息,在BIM的基础上可以做更好的设计和施工过程的优化。特别是某些复杂程度很高的工程项目,BIM及与其配套的各种优化工具为复杂项目提供了进行优化的可能。例如,特殊项目的设计优化,裙楼、幕墙、屋顶、大空间等异型设计,通常也是施工难度比较大和施工问题比较多的地方,对这些内容的设计施工方案进行优化,可以显著地缩短工期和优化造价。

【案例】绍兴体育中心体育场

绍兴体育中心体育场总建筑面积为77 500 m²,观众座位有40 000席。屋盖采用活动开启式,开启面积12 350 m²,是目前国内可开启面积最大的开闭式体育场。屋面的投影为椭圆形,长轴260 m,短轴200 m,整个屋面由固定屋面和活动屋面两部分组成。活动屋面采用平面桁架体系,固定屋面为空间桁架体系,由"井"字形分布的4条主桁架、次桁架和环桁架组成。下部混凝土结构体系为钢筋混凝土框架+钢筋混凝土筒,混凝土结构由主入口处结构缝分为4个独立的结构单元。

参数化技术的引入使得模型不再仅仅是有固定形状和属性的对象,而是被定义了参数和规则的几何形状以及其他非几何特性的对象。这些参数和规则可以在与其他对象关联时进行表达,从而可以根据用户的控制或变化的环境实现对象的自动更新。体育场建筑外皮通过Rhino/Grasshopper参数化建模完成,在外皮基础上进一步完成了屋盖钢结构几何体系的参数化建立,为钢结构体系的快速优化设计打下了坚实的基础。屋盖系统设计中利用参数化模型,大大方便了方案的修改。第一轮屋盖结构用钢量23 000 t;第二轮抬高主桁架拱高,用钢量优化至12 000 t,建筑师认为拱高过高;第三轮将拱高改回第一轮方案,优化结构体系,用钢量13 000 t,建筑师认为拱高适合,但固定屋盖位移偏大,对活动屋盖的行走不利;第四轮则增加主要构件截面,适当提高拱的高度,使用钢量控制在13 000 t,且固定屋盖位移满足要求。

项目设计工程是一个建筑信息数据流动、交换的过程,其中涉及各种不同的设计软件。然而,目前多种软件间数据信息往往不能实现流程的交换,造成了反复的"二次建模"的出现。本工程引入了数据库技术,以数据库为媒介实现了多个软件间数据信息的自由交换。该项目中,利用数据库及编制的各软件接口创建了多个软件的 BIM 模型,如图1.7、图1.8所示。利用软件开发钢结构节点建模系统,实现了钢结构节点模型的自动化批量创建;利用数据库及自编程序自动创建各节点模型,并通过将生成的节点模型与钢结构构件进行了装配,搭建完成了细节化的钢结构 BIM 模型。

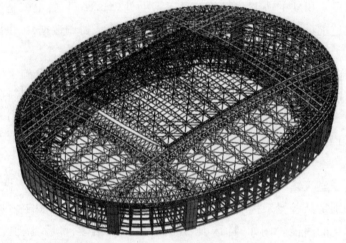

图 1.7　结构模型

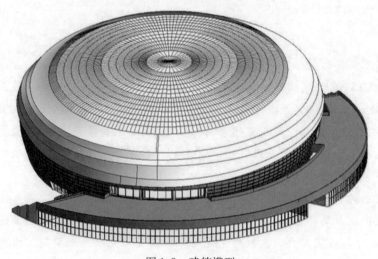

图 1.8　建筑模型

1.3.4 模拟性

BIM 的模拟性是指不仅能模拟设计出建筑物模型,还可模拟不能在真实世界中进行操作的事物。

1)设计阶段模拟

在设计阶段,BIM 可以对设计上需要进行模拟实验,如节能模拟、紧急疏散模拟、日照模拟、热能传导模拟等(图1.9)。

图1.9　入口局部照度模拟(从室内看)

2)施工和招投标阶段模拟

在招投标和施工阶段可以进行 4D 模拟。四维施工模拟是指利用四维施工模拟相关软件,根据施工组织安排进度计划安排,在已经搭建好的模拟的基础上加上时间维度,分专业制作可视化进度计划。一方面可以知道现场施工,另一方面为建筑、管理单位提供非常直观的可视化进度控制管理依据。四维施工模拟可以使建筑的建造顺序清晰,工程量明确,把 BIM 模型和工期联起来,直观地体现施工的界面、顺序,从而使各专业施工之间的施工协调变得清晰明了。四维施工模拟与施工组织方案的结合,能够使设备材料进场、劳动力分配、机械排班等各项工作的安排变得最为有效、经济。在施工过程中,还可将 BIM 与数码设备相结合,实现数字化的监控模式,更有效地管理施工现场,监控施工质量,使得工程项目的远程管理成为可能,项目各参与方的负责人能在第一时间了解现场的实际情况。

三维施工进度模拟、四维施工组织模拟如图1.10、图1.11 所示。

应用 BIM 技术还可以进行 5D 模拟,从而来实现成本控制。BIM 5D 是在 3D 建筑信息模型基础上,融入"时间进度信息"与"成本造价信息",形成由 3D 模型 +1D 进度 +1D 造价的五维建筑信息模型。BIM 5D 集成了工程量信息、工程进度信息、工程造价信息,不仅能统计工程量,还能将建筑构件的 3D 模型与施工进度的各种工作(WBS)相链接,动态地模拟施工变化过程,实施进度控制和成本造价的实时监控(图1.12)。

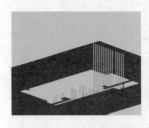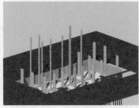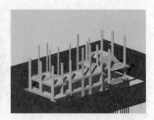

图 1.10　三维施工进度模拟

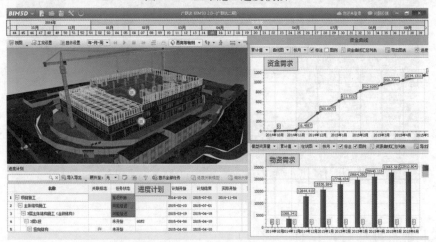

图 1.11　四维施工组织模拟

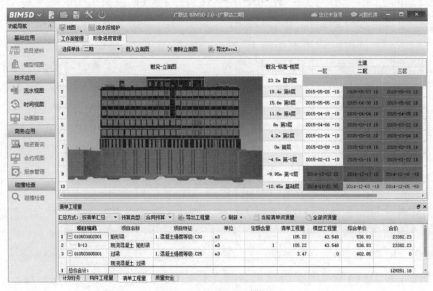

图 1.12　BIM 5D 模拟

3）运维阶段模拟

在传统建筑设施维护管理系统中，大多还是以文字的形式列表展现各类信息，但是文字报表有其局限性，尤其是无法展现设备之间的空间关系。当 BIM 导入运维阶段后，除可以利用 BIM 模型对项目整体做了解之外，模型中各个设施的空间关系及建筑物内设备的尺寸、型号、口径等具体数据，也都可以从模型中完美地展现出来，这些都可以作为运维的依据，并且合理、有效地应用在建筑设施维护与管理上。近些年，一些大型运维企业特别关注 BIM 在运维阶段的应用与发展（图 1.13）。

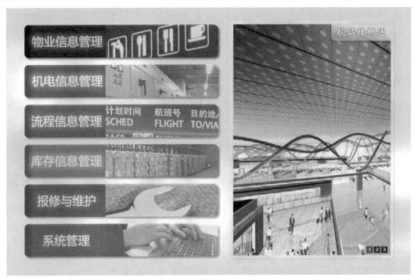

图 1.13　BIM 在运维阶段的应用

（1）互动场景模拟

所谓互动场景模拟就是 BIM 模型建好之后，将项目中的空间信息、场景信息等纳入模型中。再通过 VR（现实增强）等新技术的配合，让业主、客户或租户通过 BIM 模型从不同的位置进入模型中相应的空间，进行一次虚拟的实体感受。通过模型中的建筑构件信息的存储，让体验者有身临其境的感受，体验者能通过模型进入商铺、大堂、电梯间、卫生间等了解各空间的设施。

（2）优化租售方案

传统模式的运维模式的租售、租户只能等项目建设完成之后才知道商铺的具体样式。一旦发现不满足自身要求，很难进行更改或需要很长时间进行更改。而基于 BIM 的运维模式可以让租户在项目竣工之前通过 BIM 模型了解商铺的各项指标，如商铺的空间大小、朝向、光照、样式、用电负荷、空调负荷等。同时，客户可以根据自己的实际需求向业主方提出要求，此时业主方就可以根据模型在对现场情况有具体了解的基础上结合客户需求作出最优的变更方案。

（3）系统维护

传统的系统维护一般是运维方通过竣工图纸，再配合 Excel 表格对建筑中各个系统、设备等相关数据进行了解，既缺乏时效性，又不够直观。根据 BIM 模型，业主维护人员可以快速地掌握并熟悉建筑内各种系统设备数据、管道走向等资料，可以快速找到损坏的设备及出现问题的管道，及时维护建筑内运行的系统。例如，当甲方发现一些渗漏问题，首先不是实地检查整栋建筑，而是转向在 BIM 系统中查找位于嫌疑地点的阀门等设备，获得阀门的规格、制造商、零件号码和其他信息，快速找到问题并及时维护。

（4）紧急情况处理

通过 BIM 系统，可以帮助第三方运维基于 BIM 模型的演示功能对紧急事件进行预演，进行各种应急演练，制订应急处理预案。同时，还可以培训管理人员如何正确高效地处理紧急情况，尤其是一些没有办法在实际进行的模拟培训，如火灾模拟、人员疏散模拟、停电模拟等。通过演练制订处理方案，制订处理办法，打印成书、装订成册分发给项目相关人员，如社区居民、租户等，提高大家的安全意识，扩大安全管理范围。

BIM 技术在施工阶段建立的模型可通过转化直接供运维信息管理平台使用。后期运营阶段可以对项目进行能耗、折旧、安全性预测，监控物业使用、维护、调试情况，建筑使用情况或性能以及储存和利用建筑财务方面的信息、部门成本分配的重要财务数据。

【案例】基于 BIM 的基坑挖运施工过程仿真模拟

本案例使用 Autodesk Revit，Tekla 等平台软件建立各阶段的 BIM 模型，如桩基础工程、混凝土工程、结构安装工程等，并在此基础上配合使用 Autodesk Navisworks Manage 软件，将静态的 2D 模型 3D 动态化以及 4D 化。基坑挖运中，不仅考虑基坑的长宽以及深度，更结合了基坑的具体地理坐标，还包括了具体施工过程中的各种细节，如挖掘机之间、挖掘机与卡车之间、卡车与卡车之间的协调工作，施工车辆的调度、土方挖运的先后顺序等施工环节。施工仿真模拟与真实施工过程紧密联系，将项目中复杂的空间立体关系通过 3D 动态可视化技术形象地展现；接着，将不同的进度计划与模型链接成 4D 施工模型，展示不同的进度安排；随后，还将根据现场环境布置临时设施形成三维综合施工现场模型。

施工仿真分 4 步进行。

1）确定制作施工模拟的步骤

①前期数据收集以及编制施工进度。

②建立 Revit 场地模型。

③设计施工机械模型。

④完成 4D 施工模拟制作。

2）前期数据收集以及编辑施工进度

本案例施工任务是挖出一个长 60 m、宽 20 m、深 5.5 m 的用作地下车库的基坑。施工时，将分成 4 块区域，分别由 4 台挖掘机进行开挖。

①前期所要收集的数据包括通过全站仪或者 GPS 测量出的场地地理坐标以及长方形基坑四周的高程点坐标。

②制订施工方案，见表 1.1。

表 1.1　施工方案

施工阶段	施工时间	施工任务	施工安排
1	8月16日	第一层土方(25.5~26.5)	
2	8月17日	第二层土方(24.4~25.5)	
3	8月18日	第三层土方(23.3~24.4)	挖掘机4辆
4	8月19日	第四层土方(22.2~23.3)	卡车8辆
5	8月20日	第五层土方(21.1~22.2)	人员若干
6	8月21日	第六层土方(20.0~21.1)	

3) 建立场地模型

①通过全站仪或者GPS测量出的场地高程点坐标文件存为txt格式,之后将其导入Revit中,利用Revit中的场地选项建立场地表面模型。

②通过测量的坐标确定出基坑的位置并在二维平面图上标出,用建筑地坪命令创建出一个基坑模型。

③通过Revit的体量功能,创建各种施工车辆的模型,也可以到网络族库中下载得到。挖掘机构件较复杂,可由CAD或Inventor制作之后以DWG文件格式导入Revit进行应用。同时,这些族文件需要通过场地构件的方式导入Revit,否则这些施工车辆模型会产生不能与场地贴合的问题。

④建立土方模型。为了便于用Navisworks进行施工模拟,基坑内土方模型可以用楼板来建立或用内建模型,只需将楼板(或体量)的材质调为土层即可。由实际土方挖运的顺序逆向建立土方模型,即从第6层开始,按照标高的顺序,填满每一层一直到第1层,在第1层的土方不要铺满,要随地面坡度适量增减,最后使用楼板创建的土方量等于实际所挖土方量相等即可,这样可以表现出地形的高低变化趋势从而模拟场地的原始状态。

在本案例中,兼顾工作量和仿真的真实性,即用若干块长7.5 m、宽2.5 m、厚1.1 m的楼板块(土方)填满基坑。同时,在创建土方模型时,要对每块土方进行命名,命名时要考虑所在的工作区域、所在的层数以及挖运顺序。如图1.14所示,4-1-1号土方表示4号挖土机所工作的4区域的第1层挖运工作中的第1块土方。这样的命名工作可以使以后的Navisworks动画模拟处理起来更加方便快捷。

4) 制作施工模拟动画

(1) Timeliner 处理

施工过程可视化模拟可以日、周、月为时间单位,按不同的时间间隔对施工进度进行正序模拟,形象地反映施工计划和实际进度。首先用Microsoftproject建立较为具体的土方挖运工作进度安排表,工作进度安排表需要细化到每一块土方,即每一块土方都要建立与自身相对应的任务。由于土方挖运的工期较短,所以每一块土方挖除的开始和结束时间都要精确到小时,并且土方的任务类型都是"拆除"。再通过Navisworks中的数据源选项将其导入Navisworks中的Timeliner。

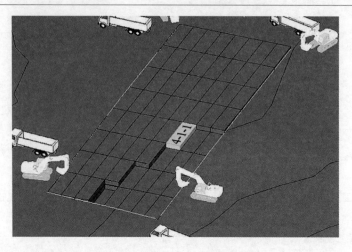

图 1.14　土方模型

（2）Animation 设计

在 Animation 中创建动画，先后捕捉挖掘机、卡车等场地构件，用旋转、平移等命令，模拟出施工车辆工作的动画。制作 Animaton 的过程中需要统筹施工车辆调度，即如果卡车数量太少，挖掘机挖出的土方装满卡车以后，卡车要有一个运出土方的过程，没有另外的卡车及时补上的话，势必会造成挖掘机停工的现象，降低了工作效率。

由此可以设计出优化方案，即挖掘机挖土运送到卡车上，卡车装满之后将土方运走，另一辆卡车在前一辆卡车运土之前及时补上，同时还要注意避免运送土方的卡车数量过多造成施工道路拥挤的情况。通过这样的分析得出的车辆优化工作方案可以避免挖掘机暂时停工的现象，提高施工效率。设计动画的过程中要调度好各类车辆，在 Animation 中安排好时间分配，以实现效率的最大化。此外，也可以制作视点动画以及漫游动画，后期处理时与施工车辆调度动画一起添加到 Timeliner 中，使制作出来的动画更具立体感、画面感与层次感，并且可以全方位地展示施工现场。最后，用 Navisworks 中的 presenter 渲染功能对场景进行渲染，再以 AVI 格式导出即可得到施工模拟的 4D 动画。另外，用 presenter 导出动画，可以使动画的效果更具有真实感。

基于 BIM 施工仿真模拟有很大的优势。首先，三维可视化功能再加上时间维度，可以进行包括基坑工程在内的任意施工形式的施工模拟；同时，有效地协同工作，打破基坑设计、施工和监测之间的传统隔阂，实现多方无障碍的信息共享，使不同的团队可以共同工作；通过添加时间轴的 4D 变形动画可以准确判断基坑的变形趋势，让工程施工阶段的参与方，如施工方、监理方甚至非工程行业出身的业主及领导都能掌握基坑工程实施的形式以及运作方式；通过输入实际施工计划与计划施工计划，可以直观快速地将施工计划与实际进展进行对比。这样将 BIM 技术与施工方案、施工模拟和现场视频监测相结合，减少建筑质量问题、安全问题；并且通过三维可视化沟通加强管理团队对成本、进度计划及质量的直观控制，提高工作效率，降低差错率，减少现场返工，节约投资，给使用者带来新增价值。

其次，通过在 Animation 中对施工车辆工作时间、工作方式的设计，克服了以往做 Navisworks 动画时施工项目与施工机械相隔离的缺点，使 Animation 不仅仅停留在动画设计的功能上，更能用来分析施工现场，提供工作效率等，使案例中基坑挖运的整个过程更加具有可读性和真实性。

1.3.5　协调性

一直以来,建筑工程通常由设计、施工和运营几个独立的团队完成,但这种方式一定程度上限制了各组成部分的协作,不利于工程作业中信息的交流。不管是施工单位还是业主及设计单位,无不在做着协调及相配合的工作。一旦项目的实施过程中遇到了问题,就要将各有关人士组织起来开协调会,寻找各施工问题发生的原因及解决办法,然后进行变更,做相应补救措施等进行问题的解决。

随着 BIM 概念的提出,可以通过基于 BIM 的协调性,大大提高工作效率,改善项目品质。BIM 的协调性技术能够跨越这种脱节的状况,通过统一的数字模型技术将建筑各阶段相互联系在一起,从各工种单独完成项目转化成各工种协同完成项目。它能够将不同工种之间的数据传递和共享,即把不同专业、不同功能的软件系统(如结构、给排水等系统)有机地结合起来,在设计期间采用非冲突、协作的方式,用统一的平台来规范各种信息的交流,保证系统内信息流的正常通畅。

(1)设计阶段协调

在设计阶段,设计师们往往都是各做各的,往往由于各专业设计师之间的沟通不到位,经常导致各个专业间错漏、碰缺问题严重,经常需要设计变更,甚至影响设计周期,耽误整体项目工期。例如,暖通等专业进行管道布置时,由于施工图纸是各自绘制在各自的施工图纸上,真正施工过程中,可能在布置管线时正好在此处有结构设计的梁等构件妨碍管线的布置,这是施工中常遇到的碰撞问题。BIM 的协调性服务就可以帮助处理这些问题,通过 BIM 的协调性,运用相关的 BIM 软件建立数据信息模型,可以将本专业的设计结果及理念展现在模型之上,让其他专业的设计师进行参考。同时,因为 BIM 模型中包含了各个专业的数据,实现数据共享,让设计中所有专业的设计师能够在同一个数据环境下进行作业。BIM 模型可在建筑物建造前期对各专业的碰撞问题进行协调,生成协调数据,提供出来,保持了模型的统一性,从而大大提高工作效率(图 1.15)。

当然,BIM 的协调作用也并不是只能解决各专业间的碰撞问题,它还可以解决,如电梯井布置与其他设计布置及净空要求的协调,防火分区与其他设计布置的协调,地下排水布置与其他设计布置的协调,各个房间出现冷热不均,预留的洞口未留或尺寸不对等情况等。使用有效 BIM 协调流程进行协调综合,减少不合理变更方案或问题变更方案。基于 BIM 的三维设计软件在项目紧张的管线综合设计周期里,提供清晰、高效率的与各系统专业有效沟通的平台,更好地满足工程需求,提高设计品质。

(2)施工阶段协调

在施工阶段,施工人员可以通过 BIM 的协调性清楚了解本专业的施工重点以及相关专业的施工注意事项。通过统一的 BIM 模型了解自身在施工中对其他专业是否造成影响,提高施工质量。另外,通过协同平台进行的施工模拟及演示,可以将施工人员统一协调起来,对项目中施工作业的工序、工法等作出统一安排,制订流水线式的工作方法,提高施工质量,缩短施工工期。

图 1.15　碰撞检查

1.3.6　优化性

现代建筑的复杂达到一定程度,参与人员本身的能力无法掌握所有的信息,必须借助一定的科学技术和设备的帮助。BIM 及与其配套的各种优化工具提供了对复杂项目进行优化的可能。优化受信息、复杂程度和时间的制约。没有准确的信息做不出合理的优化结果,BIM 模型提供了建筑物实际存在的信息,包括几何信息、物理信息、规则信息,还提供了建筑物变化以后的实际存在。整个设计、施工、运营的过程就是一个不断优化的过程,在 BIM 的基础上可以更好地做优化。优化主要包括以下两个方面:

(1)项目方案优化

把项目设计和投资回报分析结合起来,设计变化对投资回报的影响可以实时计算出来;这样,业主对设计方案的选择就不会主要停留在对形状的评价上,而是更多地使业主知道哪种项目设计方案更有利于自身的需求。

（2）特殊项目的设计优化

裙楼、幕墙、屋顶、大空间到处可以看到异型设计内容，看起来占整个建筑的比例不大，但是占投资和工作量的比例与前者相比却往往要大得多，而且通常也是施工难度比较大和施工问题比较多的部位，对这些内容的设计施工方案进行优化，可以显著地缩短工期和优化造价。

【案例】合肥万达茂项目

合肥万达茂项目位于合肥滨湖新区中心位置，总建筑面积为 18.76 万 m^2，建筑高度为 24 m，局部高 30 m。项目整体由外立面、地下室、室内步行街、娱乐楼、电影乐园、水公园 6 部分业态组成（图 1.16）。各个业态复杂程度不一，遇到的问题也各不相同，设计团队通过 BIM 技术的参数化、可视化、可模拟性、协同性等特点逐一解决问题。

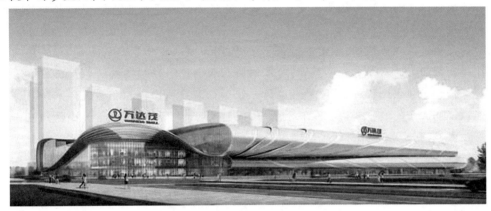

图 1.16　合肥万达茂项目效果图

（1）方案曲面的拟合优化

安徽合肥万达茂项目是一个特殊造型的项目，业态众多，每个业态设计难点不同，通过传统设计手段很难解决。项目外立面造型仿书卷形式，平铺展开，大跨度空间，整体结构由钢结构组成，所有业态包裹在这个钢结构空间内，空间位置协调非常困难。

通常，外立面团队为了快速表现方案的造型效果，并不会考虑造型的几何实现细节，如曲面连续性、曲面曲率突变等问题。但正是这些问题影响着施工图设计团队关于建筑结构乃至机电的选型方向，特别是空间定位、设计轮廓边界的确定。所以，万达茂项目外立面如何优化成为难点。

合肥万达茂项目中一版方案的雨篷外立面，其总体的造型由两个双曲面构成，并随着曲面起伏，符合项目造型仿书卷的形式。但当设计人员处理两个外立面之间关系，以提资结构轮廓图给施工图设计团队时发现，两个曲面的连接处完全就不是连续的，中间有很大的间隙，设计师根本无从开展后续工作。最后，经过 BIM 团队的工作，在保持原方案意图的前提下，将方案曲面进行了连续拟合，并提资了相关设计轮廓线给设计师，才解决了难题。

设计师碰到的另外一个问题就是曲面曲率的优化。方案造型不会考虑曲面曲率的均匀变化，很可能产生大的拐点，对后续设计乃至施工安装都会造成困难，提高造价。水公园在做外立面设计时，曲面的曲率变化问题较大，最大曲率变化值为 0.002。这样的造型过于突兀，以致钢结构杆件必须定制弯曲形状，极大增加了加工难度和费用。BIM 团队对原方案进行了曲率优化，将曲率的变化值控制在 0.000 1，使曲面变得平缓。更重要的是，钢结构杆件可以以直线段进行拟合拼装，既符合造型要求，又有利于设计、加工、安装。

合肥万达茂整体由金属面板和直立锁边包裹，面积巨大，成本占比很高，不同的分割形式决定着最终的拼装、嵌板、取材和拼接方式。在外立面方案已定的情况下，分割嵌板越规整，越有利于板材加工、运输及现场安装。因此，选择一个合适的分割方案，对整个外立面的设计、成本控制尤为重要。

最初，外立面方案以幕墙曲面较大的边缘轮廓按 2 412 mm 等分，以等分点标高的水平面分割幕墙曲面，得到铝板短边方向分割缝，铝板长边方向分割缝直接按 1 000 mm 间距进行垂直分割。这种方案可以保证水平缝每一根都是绝对水平的。但是经过 BIM 团队分析，相同标高的铝板曲面长边弧线曲率相差较大，幕铝板长边长度相差较大，边缘轮廓较大的一侧铝板长边长为 2 412 mm 左右，而边缘轮廓较小一侧铝板长边长为 2 250 ~ 4 500 mm，且铝板长边的尺寸无法人为控制，方案不可行。于是，BIM 团队提出了新的方案：以幕墙曲面边缘较小轮廓剖面上的四分点为参照点，对幕墙曲面两侧边缘轮廓均按 2 412 mm 等分，并将两侧边缘轮廓等分点进行对应，使得对应的一组等分点在曲面上短程线近似水平。这种方案既能保证侧立面的水平分割缝近似水平，同时又可以有效保证分格大小保持在一定的尺寸区域内，有利于加工。新的方案由于短程线在曲面上的分布较为均匀，因此铝板长边尺寸较为统一，平均尺寸大小约2 412 mm，最终解决了难题。

（2）地下室管线综合优化

合肥万达茂的地下室面积大，机房分布多，管线排布密集，走向复杂，而万达对于设计的进度要求很高，同时不断地调整着方案，这无疑给设计团队提出了一个严峻的考验：如何在较短的一版方案内快速完成功能设计，同时满足指定的净高要求？BIM 技术的使用为此提供了有效的解决方案。合肥万达茂项目中，首先由设计团队进行方案设计，在第一时间确定机电水暖电专业的主要走向及初步管径大小并提资给 BIM 团队。BIM 团队结合已有的建筑结构模型，可以方便地确定最不利净高位置，然后进行三维管线综合设计。排布过程中，若出现设计不满足的情况就反提资给设计团队，由他们提出设计修改方案，并再次更改 BIM 模型，如此循环，直至排布出最优化的管线布置位置，满足苛刻的净高要求。同时，在最终的管综 BIM 模型中，可以自定义切出指定位置的剖面 CAD 图纸，提资给设计师，加快出图进度，大大提高效率。

合肥万达茂地下室中由各专业管线综合 BIM 整合模型，确定了以下 47 个剖面，所剖区域包含了公共走道(31 个剖面)、卸货区(2 个剖面)、超市(2 个剖面)及 6 个机房(12 个剖面)。其中，公共走道净高要求 2 700 mm，卸货区净高要求 3 600 mm，超市净高要求 3 700 mm，机房净高要求 2 800 mm。经管综原则调整后，不能满足公共走道的净高要求的有 3 个剖面，其余 44 个剖面均能满足各自区域的净高要求。设计师在 BIM 成果之上，及时修改了设计方案，提交了施工图，并避免了机电施工时的错误返工。

在整个设计过程中，设计团队紧密结合 BIM 技术，利用 BIM 技术的参数化、可视化、可模拟性、协同性等特点对不同问题提出了有针对性的解决方案，保证了整体设计的质量和进度，提升了设计品质，BIM 成为特殊造型的设计"好手"。

1.3.7 可出图性

BIM 出图是指软件对建筑物进行可视化展示、协调、模拟、优化以后,方案图、初步设计图、施工图为同一个核心模型,通过不同的图层管理和显示管理达到 1 个模型对应多套图纸,整合的图纸发布器能一步就完成出图、打图工作。BIM 的可出图性能够解决模型与表达一致的问题,可以出具的图纸有建筑设计图、经过碰撞检查和设计修改后的施工图、综合管线图、综合结构留洞图、碰撞检测错误报告和建议改进方案等使用的施工图纸等。

【案例】某工业厂房的三维视图

某工业厂房项目直接用 Revit 出图打印,其他专业需要参照建筑专业画图,也是从 Revit 里面导出 CAD 图纸供做底图参考。该厂房的总体外观三视图、室内三维视图、结构及设备整体视图、建筑平(剖)面图如图 1.17 至图 1.19 所示。

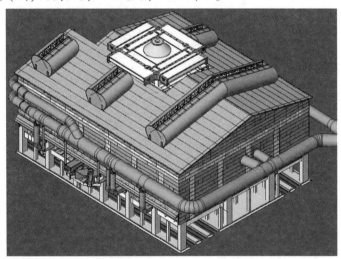

图 1.17　总体外观三维视图

图 1.18　室内三维视图

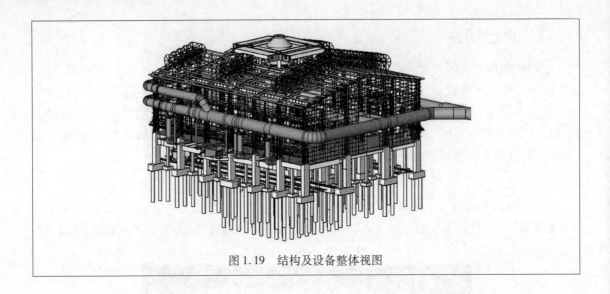

图 1.19　结构及设备整体视图

1.3.8　信息完备性

除了对工程对象进行 3D 几何信息和拓扑关系的描述，信息完备性还体现在完整的工程信息描述，如对象名称、结构类型、建筑材料、工程性能等设计信息；施工工序、进度、成本、质量以及人力、机械、材料资源等施工信息；工程安全性能、材料耐久性能等维护信息；对象之间的工程逻辑关系等。

【思考练习】

1. 请简述 BIM 技术产生的背景。

2. 请简述 BIM 可视化的作用。

3. 请简述 BIM 技术有哪几个特点。

4. 根据自身对 BIM 技术的理解和认识，简述 BIM 技术对建筑行业带来的好处。

5. 你认为 BIM 技术是否值得推广，其发展趋势如何？

第 2 章 BIM 工程师的素质要求与职业发展

随着 BIM 技术的日益完善,国内外工程对 BIM 的需求也越来越多。2011 年 5 月 10 日,中华人民共和国住房和城乡建设部发布了"关于印发《2011—2015 年建筑业信息化发展纲要》的通知"(以下简称《发展钢要》)。《发展纲要》提出,发展的总体目标为:"十二五"期间,基本实现建筑企业信息系统的普及应用,加快建筑信息模型(BIM)、基于网络的协同工作等新技术在工程中的应用,推动信息化标准建设,促进具有自主知识产权软件的产业化,形成一批信息技术应用达到国际先进水平的建筑企业。至此,BIM 理念已经在我国建筑行业扩展开来,基于 BIM 的设计和施工的应用成为未来中国 BIM 发展的方向,引发了建筑工程行业 BIM 技术的变革风暴。

为使中国建筑业在信息化的道路上持续健康地发展,住建部于 2012 年决定制定一系列关于 BIM 的国家标准。中国建筑标准设计研究院(以下简称"标准院")承担的两项工程建设国家标准——《建筑工程设计信息模型交付标准》《建筑工程设计信息模型分类和编码》编制工作于 2012 年 11 月 22 日在北京启动。同期,"首届中国 BIM 论坛暨 BIM 与中国建筑工程信息化发展会议"在北京召开。

2014 年 7 月 1 日,《住房城乡建设部关于推进建筑业发展和改革的若干意见》强调,要促进建筑业发展方式转变,提升建筑业技术能力,推进建筑信息模型(BIM)等信息技术在工程设计、施工和运行维护全过程的应用,提高综合效益。

2015 年 7 月,住房城乡建设部印发的《关于推进建筑信息模型应用指导意见》(以下简称《指导意见》)再次强调了 BIM 技术的重要性与必要性。《指导意见》指出,2015 年后的发展目标为:到 2020 年末,建筑行业甲级勘察、设计单位以及特级、一级房屋建筑工程施工企业应掌握并实现 BIM 与企业管理系统和其他信息技术的一体化集成应用。到 2020 年末,以下新立项项目勘察设计、施工、运营维护中,集成应用 BIM 的项目比率达到 90%:以国有资金投资为主的大中型建筑;申报绿色建筑的公共建筑和绿色生态示范小区。

各级住房城乡建设主管部门要结合实际,制定 BIM 应用配套激励政策和措施,扶持和推进相关单位开展 BIM 的研发和集成应用,研究适合 BIM 应用的质量监管和档案管理模式。

有关单位和企业要根据实际需求制定 BIM 应用发展规划、分阶段目标和实施方案,合理配置 BIM 应用所需的软硬件。改进传统项目管理方法,建立适合 BIM 应用的工程管理模式。构建企业级各专业族库,逐步建立覆盖 BIM 创建、修改、交换、应用和交付全过程的企业 BIM 应用标准流程。通过科研合作、技术培训、人才引进等方式,推动相关人员掌握 BIM 应用技能,全面提升 BIM 应用能力。

国内住建部对 BIM 的大力推进,使中国在 BIM 技术人才的缺口越来越明显。在推动 BIM 技术的过程中,需要怎样的人来执行这次变革,需要怎样培养怎样的人才是各国都要面对的问题。急切而庞大数量的人才需求推动着很多人转行,促进着某些岗位的变更,甚至诞生出了一些新的岗位。BIM 工程师便是在国内外大环境下应运而生的这样一群人。

本章将探讨 BIM 工程师的具体岗位、职业素质要求以及 BIM 工程师的职业发展。

2.1 BIM 工程师定义

2.1.1 BIM 工程师的职业定义

工程师指具有从事工程系统操作、设计、管理、评估能力的人员。工程师按职称（资格）高低，分为研究员级高级工程师（正高级）、教授级高级工程师（正高级）、高级工程师（副高级）、工程师（中级）、助理工程师（初级）。然而，目前对 BIM 工程师职称的评定与资格审核并没有一个官方的说法。总的来说，工程师还是按专业划分，BIM 工程师强调的是懂得 BIM 技术。

BIM 技术可以应用于很多行业，但是主要涉及建筑行业。因此，BIM 工程师主要指建设行业的工程师。这些工程师除了涉及建筑行业中设计、施工、管理等各个部门之外，还包括 BIM 软件开发、BIM 协同平台制作管理的 BIM 技术人员。

BIM 工程师通过参数模型整合各种项目的相关信息，在项目策划、运行和维护的全生命周期过程中进行共享和传递，使工程技术人员对各种建筑信息做出正确的理解和高效应对，为设计团队以及包括建筑运营单位在内的各方建设主体提供协同工作的基础，使 BIM 技术在提高生产效率、节约成本和缩短工期方面发挥重要作用。

2.1.2 BIM 工程师岗位分类

1）按应用领域分类

按应用领域来分，BIM 工程师可分为 BIM 标准管理类、BIM 工具研发类、BIM 工程应用类及 BIM 教育类等。

（1）BIM 标准管理类

BIM 标准管理类指主要负责 BIM 标准研究管理的相关工作人员，可分为 BIM 基础理论研究人员及 BIM 标准研究人员等。

（2）BIM 工具研发类

BIM 工具研发类指主要负责 BIM 工具设计开发的工作人员，可分为 BIM 产品设计人员及 BIM 软件开发人员等。这类人员的工作重心在 BIM 软件的开发、建筑模型信息的管理、协同工作平台的建立等方面。这类人员往往出身于计算机网络等相关专业，虽然不一定有多年的建设部门工作经验，但是深谙 BIM 全过程各部门协同工作的原理，能利用计算机网络构建协同管控的业务处理平台。

（3）BIM 工程应用类

BIM 工程应用类指应用 BIM 支持和完成工程项目生命周期过程中各种专业任务的专业人员，包括业主和开发商的设计、施工、成本、采购、营销管理人员，设计机构的建筑、结构、给水排水、暖通空调、电气、消防、技术经济等设计人员，施工企业的项目管理、施工计划、施工技术、工程造价人员，物业运维机构的运营维护人员以及各类相关组织里面的专业 BIM 应用人员等。

BIM工程师应用类又可分为BIM模型生产工程师、BIM专业分析工程师、BIM信息应用工程师、BIM系统管理工程师、BIM数据维护工程师等。

各个企业已经设置了BIM工程师岗位,虽然没有十分明确的定义,但一般说的BIM工程师大致是指BIM工程应用工程师,即掌握专业所需的BIM软件操作技能,并懂得在从事建筑工程系统操作、设计、管理、评估工作中应用BIM技术的人员。

(4)BIM教育类

BIM教育类指在高校或培训机构从事BIM教育及培训工作的相关人员,主要可分为高校教师及培训机构讲师等。

2)按应用程度分类

按BIM的应用程度,可将BIM工程师分为BIM操作人员、BIM技术主管、BIM项目经理及BIM战略总监等。

(1)BIM操作人员

BIM操作人员指进行实际BIM建模及分析的人员,属于BIM工程师职业发展的初级阶段。

(2)BIM技术主管

BIM技术主管指在BIM项目实施过程中负责技术指导及监督的人员,属于BIM工程师职业发展的中级阶段。

(3)BIM项目经理

BIM项目经理指负责BIM项目实施的管理人员,属于项目级职位,是BIM工程师职业发展的高级阶段。

(4)BIM战略总监

BIM战略总监指负责BIM发展及应用战略制订的人员,属于企业级的职位,可以是部门或专业级的BIM专业应用人才或企业各类技术主管等,是BIM工程师职业发展的高级阶段。

3)按工作单位分类

实际的工程项目中,大多按照工作单位来划分BIM工程师的岗位。与建筑工程相关的有关单位包括建设单位、勘察单位、设计单位、施工企业、工程总承包企业、运营维护单位等。

(1)建设单位中的BIM工程师

今后建设单位中BIM工程师岗位的设置必不可少。建设单位中BIM工程师的具体工作岗位与工作内容包括:

①参与方案决策。在可研与方案设计阶段,建设单位的BIM工程师就应该参与到工程当中,通过BIM技术的三维漫游渲染功能从而在软件中形成三维效果图,辅助项目的投标与决策。

②明确工程实施阶段各方的任务、交付标准和费用分配比例。在现阶段,我国BIM交付标准与费用分配还处于起步摸索阶段,没有统一的规范规定,因此建设单位的BIM工程师就显得尤为重要。一个熟悉BIM技术在各个部门分配情况的工程师,将能为建设单位节约大量的人力和财力。一些大型工程的BIM工程师的工作经验反馈给国家标准的制定审核部门,还有助于完善行业BIM的各个交付标准规范。

③建立 BIM 数据管理平台。BIM 技术的全面应用，就是建立面向多参与方、多阶段的 BIM 数据管理平台，为各阶段的 BIM 应用及各参与方的数据交换提供一体化信息平台支持。作为建设单位，需要通过该技术来统筹工程项目全生命周期的各个部门的参与、所有人事投入产出等信息。一旦这个数据管理平台设置得当，整个工程的质量与效率都会得到显著提高，同时也能降低管理成本。而 BIM 数据管理平台的建立，则需要有强大的计算机技术的支持。因此，这个环节的 BIM 工程师，更多的是指懂得 BIM 技术的计算机工程师。它需要对建筑工程管理专业的 BIM 工程师的概念想法付诸实践，使其成为一个真正的管理平台。因此，这个岗位要求工作人员既明确 BIM 技术，还要知道如何建立一个数据管理、分享平台。

④建筑方案优化。在工程项目勘察、设计阶段，要求各方利用 BIM 开展相关专业的性能分析和对比，对建筑方案进行优化。比如，在规划设计、建筑设计建模阶段：采用 Revit + 国内插件的方式，既可以绘制模型，又可以输出符合国家标准的施工图；在规划设计、建筑设计分析阶段：BIM 建模后，采用接口插件导入分析软件（如 PKPM 结构设计、节能设计、绿建设计、清华日照等），做分析；在勘察、设计阶段：通过 BIM 各种不同优势的相关软件的应用，提高图纸质量，使图纸最大限度地满足建设单位的要求，最大限度地减少错漏碰缺（如碰撞试验、管线综合检查），优化设计单位的方案。

⑤施工监控和管理。在工程项目施工阶段，BIM 工程师促进相关方利用 BIM 进行虚拟建造，通过施工过程模拟对施工组织方案进行优化，确定科学合理的施工工期；对物料、设备资源进行动态管控，切实提升工程质量和综合效益，并能保证可靠的施工质量。同时，准确的预算也能为业主的资金配置提供可靠的数据支持。这就意味着未来的项目经理需要掌握足够的 BIM 知识技能。

⑥投资控制。在招标、工程变更、竣工结算等各个阶段，利用 BIM 进行工程量及造价的精确计算，并作为投资控制的依据。这个岗位的 BIM 工程师即负责计量计价的造价方面工作人员。虽然就目前而言，BIM 技术并未在工程造价方面实现革命性的改变，但随着广联达、斯维尔等软件公司的不断改进，造价行业离全面推行 BIM 技术已经不远。如果 BIM 技术在造价方面能实现，它就能在设计三维建模完成后同一时间较为精确地确定工程量，为概预算的各材料、人力物力的用量提供可靠依据。

⑦运营维护和管理。BIM 的使用贯穿于整个项目的全生命周期。在运营维护阶段，建设单位需要有工程师通过 BIM 技术去分析、总结运营维护的效果。充分利用 BIM 和虚拟仿真技术，分析不同运营维护方案的投入产出效果，模拟维护工作对运营带来的影响，提出先进合理的运营维护方案。

（2）勘察单位中的 BIM 工程师

由于现在国内外 BIM 技术在勘察单位中的应用并不是十分广泛，因此，在勘察单位中 BIM 工程师岗位的设立多为研究员性质。住建部的《指导意见》中要求，勘察单位需要研究建立基于 BIM 的工程勘察流程与工作模式，根据工程项目的实际需求和应用条件确定不同阶段的工作内容，开展 BIM 示范应用。在勘察单位的 BIM 工程师需要研究的内容有：

①建立工程勘察模型。研究构建支持多种数据表达方式与信息传输的工程勘察数据库，研发和采用 BIM 应用软件与建模技术，建立可视化的工程勘察模型，实现建筑与地下工程地质信息的三维融合。

②模拟与分析。实现工程勘察基于BIM的数值模拟和空间分析,辅助用户进行科学决策和规避风险。

③信息共享。开发岩土工程各种相关结构构件族库,建立统一数据格式标准和数据交换标准,实现信息的有效传递。

由此可见,目前来说,勘察单位中需要的BIM工程师基本上是BIM工具研发工程师。

(3)设计单位中的BIM工程师

除了建设单位以外,设计单位是另一个BIM技术推广的重点部门。设计单位使用BIM技术的根本目的:一是按照建设单位的要求进行设计;二是将设计进行表达(传统出施工平面图或引入BIM技术在三维模型中写入尽可能详尽的数据进行后续分析)。

由于目前国内事务所做的建筑方案设计深度不足,在设计阶段容易发现各种不合理,经常要改方案,各个专业设计人员的相互配合协商浪费了不少的时间成本。因此,在设计单位中引入土建BIM工程师、安装BIM工程师、机电BIM工程师等将有利于各专业协调,节约时间成本。

由于对设计院的BIM工程师的专业规范标准还没有统一,因此设计院的BIM工程师们需要研究建立基于BIM的协同设计工作模式,根据工程项目的实际需求和应用条件确定不同阶段的工作内容。开展BIM示范应用,积累和构建各专业族库,制定相关企业标准。

①投资策划与规划。在项目前期策划和规划设计阶段,基于BIM和地理信息系统(GIS)技术,对项目规划方案和投资策略进行模拟分析。目前,设计师50%以上的工作量用在施工图阶段,而BIM技术可以帮助设计师把主要工作放在方案和初步设计阶段,从而使设计工作重心前移,发挥出设计师应有的技术和水平,减轻繁重而又无太高技术含量的施工图出图工作。换言之,未来的各专业的设计师也应当是相应专业的BIM专业工程师,通过BIM技术的合理应用,减少70%在施工图中重复的工作内容与工作时间,把更多的时间精力投入在最富有专业技术含量的方案设计中。

②建立设计模型。采用BIM应用软件和建模技术,构建包括建筑、结构、给排水、暖通空调、电气设备、消防等多专业信息的BIM模型。根据不同设计阶段任务要求,形成满足各参与方使用要求的数据信息。BIM技术能更直观、更有效地解决二维图纸无法直观表达的多个专业间的碰撞关系,避免在施工过程中发现问题而导致返工。

③分析与优化。BIM可以进行包括节能、日照、风环境、光环境、声环境、热环境、交通、抗震等在内的建筑性能分析。根据分析结果,结合全生命期成本,进行优化设计。

④设计成果审核。BIM专业工程师画出各专业的三维设计建模,通过BIM技术工程师搭建协同工作平台将模型综合在一起进行碰撞试验。BIM工程师们需要利用基于BIM的协同工作平台等,开展多专业间的数据共享和协同工作,实现各专业之间数据信息的无损传递和共享,进行各专业之间的碰撞检测和管线综合碰撞检测,最大限度地减少错、漏、碰、缺等设计质量通病,提高设计质量和效率。

(4)施工企业中的BIM工程师

在施工企业中引入BIM工程师岗位,有利于改进传统项目管理方法,建立基于BIM应用的施工管理模式和协同工作机制。同时,随着BIM技术的广泛应用,能够明确施工阶段各参与方的协同工作流程和成果提交内容、明确人员职责、制定管理制度。由于现阶段施工单位引入的BIM技术不多,住建部还要求施工单位能够开展BIM应用示范。根据示范经验,逐步实现施工阶段的 BIM 集成应用。施工企业中 BIM 工程师岗位的工作内容主要有：

①建立施工模型。施工企业应利用基于 BIM 的数据库信息，导入和处理已有的 BIM 设计模型，形成 BIM 施工模型。

②细化设计。利用 BIM 设计模型，根据施工安装需要进一步细化、完善，指导建筑部品构件的生产以及现场施工安装。

③专业协调。进行建筑、结构、设备等各专业以及管线在施工阶段综合的碰撞检测、分析和模拟，消除冲突，减少返工。

④成本管理与控制。应用 BIM 施工模型，精确高效计算工程量，进而辅助工程预算的编制。施工过程中，对工程动态成本进行实时、精确地分析和计算，提高对项目成本和工程造价的管理能力。

⑤施工过程管理。应用 BIM 施工模型，对施工进度、人力、材料、设备、质量、安全、场地布置等信息进行动态管理，实现施工过程的可视化模拟和施工方案的不断优化。

⑥质量安全监控。综合应用数字监控、移动通信和物联网技术，建立 BIM 与现场监测数据的融合机制，实现施工现场集成通信与动态监管、施工阶段时变结构及支撑体系安全分析、大型施工机械操作精度检测、复杂结构施工定位与精度分析等相结合，进一步提高施工精度、效率和安全保障水平。

⑦地下工程风险管控。利用基于 BIM 的岩土工程施工模型，模拟地下工程施工过程以及对周边环境的影响，对地下工程施工过程可能存在的危险源进行分析评估，制订风险防控措施。

⑧交付竣工模型。BIM 竣工模型应包括建筑、结构和机电设备等各专业内容。在三维几何信息的基础上，还应包含材料、荷载、技术参数和指标等设计信息，质量、安全、耗材、成本等施工信息以及构件与设备信息等。

以上各内容都要求有 BIM 工程应用工程师的参与才能完成。因此，未来 BIM 工程应用工程师走进施工单位是不容置疑的大趋势。以上各内容都要求有 BIM 工程应用工程师的参与才能完成。因此，未来 BIM 工程应用工程师走进施工单位是不容置疑的大趋势。

【延伸阅读】 BIM技术在施工领域中的应用前景 BIM在施工企业中的运用

（5）工程总承包企业中的 BIM 工程师

根据工程总承包项目的过程需求和应用条件确定 BIM 应用内容，BIM 工程师们既要分阶段（工程启动、工程策划、工程实施、工程控制、工程收尾）开展 BIM 应用，又要在综合设计、咨询服务、集成管理等建筑业价值链中技术含量高、知识密集型的环节大力推进 BIM 应用。

除此之外，BIM 工程师还要优化项目实施方案，合理协调各阶段工作，缩短工期、提高质量、节省投资，实现与设计、施工、设备供应、专业分包、劳务分包等单位的无缝对接，优化供应链，提升自身价值。BIM 工程师的工作内容主要体现在以下几个方面：

①设计控制。按照方案设计、初步设计、施工图设计等阶段的总包管理需求，逐步建立适宜的多方共享的 BIM 模型，使设计优化、设计深化、设计变更等业务基于统一的 BIM 模型，并实施动态控制。

②成本控制。基于 BIM 施工模型，快速形成项目成本计划，高效、准确地进行成本预测、控

制、核算、分析等,有效提高成本管控能力。

③进度控制。基于BIM施工模型,对多参与方、多专业的进度计划进行集成化管理,全面、动态地掌握工程进度、资源需求以及供应商生产及配送状况,解决施工和资源配置的冲突和矛盾,确保工期目标实现。

④质量安全管理。基于BIM施工模型,对复杂施工工艺进行数字化模拟,实现三维可视化技术交底;对复杂结构实现三维放样、定位和监测;实现工程危险源的自动识别分析和防护方案的模拟;实现远程质量验收。

⑤协调管理。基于BIM,集成各分包单位的专业模型,管理各分包单位的深化设计和专业协调工作,提升工程信息交付质量和建造效率;优化施工现场环境和资源配置,减少施工现场各参与方、各专业之间的互相干扰。

⑥交付工程总承包BIM竣工模型。工程总承包BIM竣工模型应包括在工程启动、工程策划、工程实施、工程控制、工程收尾等工程总承包全过程中,用于竣工交付、资料归档、运营维护等。

(6)运营维护单位中的BIM工程师

运营维护单位需要BIM工程师来改进传统的运营维护管理方法,建立基于BIM应用的运营维护管理模式、协同工作机制、流程和制度。建立交付标准和制度,保证BIM竣工模型完整、准确地提交到运营维护阶段。BIM工程师在运营维护单位中的具体工作内容有:

①运营维护模型建立。可利用基于BIM的数据集成方法,导入和处理已有的BIM竣工交付模型,再通过运营维护信息录入和数据集成,建立项目BIM运营维护模型。也可利用其他竣工资料直接建立BIM运营维护模型。

②运营维护管理。应用BIM运营维护模型,集成BIM、物联网和GIS技术,构建综合BIM运营维护管理平台,支持大型公共建筑和住宅小区的基础设施和市政管网的信息化管理,实现建筑物业、设备、设施及其巡检维修的精细化和可视化管理,并为工程健康监测提供信息支持。

③设备设施运行监控。综合应用智能建筑技术,将建筑设备及管线的BIM运营维护模型与楼宇设备自动控制系统相结合,通过运营维护管理平台,实现设备运行和排放的实时监测、分析和控制,支持设备设施运行的动态信息查询和异常情况快速定位。

④应急管理。综合应用BIM运营维护模型和各类灾害分析、虚拟现实等技术,实现各种可预见灾害模拟和应急处置。

因此,BIM标准工程师与BIM工具研发工程师在未来工程的运营维护阶段也必不可少。

(7)咨询公司(BIM团队)中的BIM工程师

由于国内各大小企业中,BIM技术的使用还十分有限,这导致了企业中BIM人才的短缺。因此,就现阶段而言,企业内部的BIM工程师往往是专门挑出的个别专业人员接受BIM技术培训(比如设计院中,对建筑师与结构设计师进行BIM软件培训)。由于他们从未接触过BIM,往往对BIM的使用与理解仅仅停留在软件操作上,难以深入。某些有条件的大公司会统一组织培训,然后逐步成立BIM团队,专门负责BIM相关业务。那些不具备如此人才储备条件的小公司,则不得不请求外部的BIM技术支持,因此BIM咨询公司就在这样的背景中诞生。这些公司专门承接前面提到的各个单位中与BIM相关的业务,满足其对BIM方面的设计或管理的需求。

综上所述,BIM 工程师从工作内容的角度看,主要有从事计算机网络技术、负责协同工作平台日常管理的 BIM 技术研发人员,有各个专业(土建、安装、市政等)负责把 BIM 软件建模技术融入专业设计的 BIM 应用工程师,也有利用相关 BIM 软件进行工程项目管理的 BIM 应用工程师,还有从事教育行业与制定 BIM 标准的 BIM 相关人员。这些工程师的具体工作岗位则分布于建筑产业的各个企业、各个部门。由于 BIM 是新兴产业,并没有被完全吸纳融入传统建筑产业中,因此,BIM 工程师也以建筑专业技术人员的形式存在于"BIM 咨询公司"这类的企业中。在现阶段,我们把所有的这些从事与 BIM 相关的人员都称为 BIM 工程师。

2.2　BIM 工程师职业素质与能力要求

BIM 工程师已经随着建筑行业的发展逐渐渗透在建筑的全生命周期全过程中。作为 BIM 工程师,有哪些职业素质的要求呢?

2.2.1　BIM 工程师基本素质与能力要求

1)BIM 工程师的基本素质要求

BIM 工程师的素质包括专业素质和基本素质。专业素质构成了工程师的主要竞争实力,而基本素质奠定了工程师的发展潜力与发展空间。BIM 工程师的基本素质主要体现在职业道德、健康素质、团队协作、沟通协调等方面。

①职业道德。职业道德是指人们在职业生活中应遵循的基本道德,即一般社会道德在职业生活中的具体体现。它是职业品德、职业纪律、专业胜任能力及职业责任等的总称,属于自律范围,通过公约、守则等对职业生活中的某些方面加以规范。职业道德素质对其职业行为产生重大的影响,是职业素质的基础。

②健康素质。健康素质主要体现在心理健康及身体健康两个方面。在心理健康方面,BIM 工程师应具有一定的情绪稳定性与协调性、较好的社会适应性、和谐的人际关系、良好的心理自控能力、较强的心理耐受力以及健全的个性特征等。在身体健康方面,BIM 工程师应满足个人各主要系统、器官功能正常以及体质、体力水平良好等要求。

③团队协作能力。团队协作能力是指建立在团队的基础之上,发挥团队精神、互补互助以达到团队最大工作效率的能力。对于团队成员来说,不仅要有个人能力,更需要有在不同的位置上各尽所能、与其他成员协调合作的能力。

④沟通协调能力。沟通协调是指管理者在日常工作中妥善处理好上级、同级、下级等各种关系,使其减少摩擦,能够调动各方面的工作积极性的能力。

上述基本素质对 BIM 工程师执业发展具有重要意义:有利于工程师更好地融入职业环境及团队工作中;有利于工程师更加高效、高标准地完成工作任务;有利于工程师在工作中学习、成长及进一步发展,为 BIM 工程师更高层次的发展奠定基础。

根据某招聘网站上 BIM 建筑设计师的招聘要求,BIM 建筑设计师的任职资格:

①建筑学专业,大学本科毕业及以上学历;

②能以英语作为工作语言,口语交谈流利,正确、熟练地应用英语编制设计文件及处理日常

工作;

③具有海外学习或工作经历者优先;

④能熟练使用 BIM 技术和 AutoCAD、Revit 等应用软件,从事三维化设计工作;

⑤掌握本专业设计规范及标准,并对相关专业设计规范及标准有较全面的了解;

⑥思维缜密、条理清晰,具有从事本专业设计的良好素质;

⑦耐心、细致、诚恳,具备优秀的团队合作精神,具有良好的沟通、协调能力和自我管理能力。

BIM 建筑设计师岗位职责:

①从事建筑专业的工程项目设计工作;

②进行本专业的设计计算、工程研究、技术经济比较和各阶段的设计文件编制;

③有计划地控制所负责设计项目的相应工作,按时、按质、按量完成。

2)BIM 工程师能力的要求与评价标准

对一个工程师的能力要求,更多指的是专业能力要求。一般来说,在中国建筑行业,工程师的能力考查主要依据专业技术水平和技术应用水平。

(1)专业技术水平

专业技术水平的考查,通常是通过国家权威部门或组织进行职业资格考试认证来进行。目前,在中国相对权威的 BIM 专业技术考试有:全国 BIM 等级考试、全国 BIM 应用技能考试、ICM 国际 BIM 认证 3 种。

①全国 BIM 等级考试。BIM 等级证书是由中国图学学会组织的全国范围的 BIM 技能考试,通过相应级别的考试后,由国家人力资源和社会保障部颁发相应级别证书。BIM 技能分为 3 级:一级为 BIM 建模师,二级为 BIM 高级建模师,三级为 BIM 应用设计师。每年举行两次考试,一般在 6 月和 12 月。它是目前 BIM 领域最权威的证书,很多国内项目招标文件中明确将"全国 BIM 技能等级证书"的数量和级别作为考量企业 BIM 能力的标准。

【延伸阅读】

全国BIM等级考试要求

②BIM 应用技能考试。全国 BIM 应用技能考评是对 BIM 技术应用人员实际工作能力的一种考核,是人才选拔的过程,也是知识水平和综合素质提高的过程。考试的发证机构为中国建设教育协会。

中国建设教育协会 BIM 应用及技能考评大纲分为 BIM 建模、专业 BIM 应用、综合 BIM 应用 3 级。专业 BIM 应用考评旨在检查被考评者在专业领域中应用 BIM 技术的知识和技能。按专业领域,本科目的考评分为 BIM 建筑规划与设计应用、BIM 结构应用、BIM 设备应用、BIM 工程管理应用(土建)、BIM 工程管理应用(安装)共 5 种类型。考察内容为结合专业,应用 BIM 技术的知识和技能。

【延伸阅读】

BIM应用技能考评等级

③ICM 国际 BIM 资质认证。国际建设管理学会（International Construction Management Institute,ICM）是全球广为推崇的权威机构,涉及全面规划、开发、设计、建造、运营以及项目咨询等建设全过程。BIM 工程师和 BIM 项目管理总监认证是 ICM 在全球推广的两个证书体系,是欧美等发达国家相应职业必备证书。ICM 证书等级分为 BIM 工程师、BIM 技术经理、BIM 项目总监。ICM 国际 BIM 资质认证的对象包括:

a. 建设行业相关政府工作人员、建设业主及开发单位、施工企业、设计咨询企业中高层管理人员;

b. 地产及工程相关学士学位,5 年以上管理层工作经验;

c. 地产及工程相关学士学位、管理相关专业硕士或博士学位,3 年以上管理层工作经验;

d. 地产及工程相关大专,取得国家一级建造师或相关执业资格,10 年以上管理层工作经验;

e. 非工程相关学士学位,管理相关专业硕士或博士学位,5 年以上管理层工作经验。

【延伸阅读】

ICM国际BIM资质认证

（2）从业能力水平

从业能力水平的评价,体现为工程师职称评定。职称（资格）按高低,分为研究员级高级工程师（正高级）、教授级高级工程师（正高级）、高级工程师（副高级）、工程师（中级）、助理工程师（初级）。然而,目前对 BIM 工程师职称的评定与资格审核并没有一个正式的做法。但 BIM 工程师的职称评定很有可能会像其他专业一样归入助理工程师、工程师、高级工程师的职称评定流程中。BIM 工程师职称评定可参考现行《工程技术人员职务实行条例》。

【延伸阅读】

建筑行业现行的《工程技术人员职务实行条例》中的工程师评价办法

3）常见的 BIM 相关培训内容

BIM 培训的形式与对象多种多样。

在中国 BIM 培训网（http://www.bimcn.org）上,BIM 通用的社会培训课程分为 BIM 工程师培训、BIM 技术经理培训、BIM 项目总监培训。

其中,BIM 工程师的培训也是目前最为常见的培训,其培训对象包括建筑工程相关公司（项目管理公司、监理公司、招标公司、咨询公司）工程技术人员、项目管理人员,设计院设计人员、管理人员,建筑工程类大专院校相关专业师生,建设行业相关政府工作人员,建设业主及开发单位、施工企业、设计咨询企业中层技术管理人员以及其他行业有志于研究 BIM 建模的人士。两个月内所授课程包括《BIM 概论》《Revit Architecture 建筑专业建模》《Revit MEP 水暖电专业建模》《Revit Structure 结构专业建模》《Revit 族库的建立和管理》《Navisworks 应用介绍》。经过两个月的培训课程,学员能够具备建筑、结构、机电各专业三维建模能力、管线综合能力、深化设计能力、施工组织模拟能力,还能利用 Revit 软件进行初步简单的动画漫游、工程量统计、施工图出图等。

BIM 技术经理的培训是从管理者的角度去深入学习 BIM。BIM 的实施必须要配合管理才能发挥效果,要在组织、流程上完善项目管理体系才能保证落地;BIM 技术经理课程根据企业开展 BIM 需要,在 BIM 主流建模软件操作的基础上,增加了人员组织架构、软硬件、BIM 实施计划、BIM 标准、BIM 工作流程以及技术路线等课程。分析目前行业内不同的管理模式,探索适合企业发展的 BIM 之路,提升企业技术力量,培养综合型 BIM 人才。其培训对象包括房地产开发企业的项目负责人及协调人、热爱 BIM 并致力于投入精力研究 BIM 和帮助企业成长的人士、施工企业的技术主管或项目经理、各类设计院的项目经理及技术主管、建设行政主管人员等。两个半月的培训课程包括《BIM 项目管理概论》《BIM 项目管理核心课程》《BIM 设计施工综合应用》《BIM 项目实践课程》四大模块(图 2.1)。

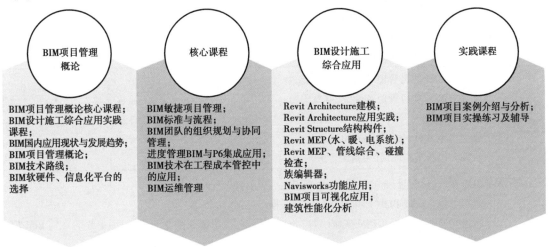

图 2.1 BIM 技术经理培训课程

BIM 项目总监在 BIM 项目团队扮演决策者、领导者的角色。相应的培训也是更加深入的 BIM 培训。该培训针对如何借助 BIM 提升企业项目管理能力,BIM 战略的实施-提升 BIM 实施的效率,如何借助 BIM 实现精细化项目管理。其培训对象为房地产开发企业、施工总包企业技术中心负责人,房地产开发企业、施工总包企业战略策划者和决策者,致力于提升建筑行业信息化、管理能力的领导者,顾问公司专业管理、技术顾问团队。课程模块主要包括《精细化项目管理理念及实施重点》《业主方、施工总包方项目管理》《企业信息化与 BIM 爱恨纠葛》《新观念:虚拟 EPC》《实践案例研究》(图 2.2)。

图 2.2 BIM 项目总监培训课程

　　除了一些通用的社会培训课程,还有一些企业内部的培训。针对不同的企业,企业内部培训模块包含业主方、设计院、施工方、轨道交通、市政行业等不同的模块。具体培训内容见表2.1。

表2.1　企业内部 BIM 培训内容

设计方	建筑信息模型(BIM)的基本介绍、BIM 在设计阶段应用介绍(0.5 天)
	Revit 软件高级应用(5 天)
	BIM 在设计企业实施管理及流程(1 天)
施工方	BIM 概念及精细化施工管理概论(1 天)
	总承包企业 BIM 项目管理(1 天)
	Revit 全专业软件培训(12 天)
	基于 BIM 的施工企业成本风险控制(1 天)
业主方	业主方 BIM 项目管理-项目级(1 天)
	业主方 BIM 项目管理-企业级(0.5 天)
	BIM 概论(0.5 天)
	业主实施 BIM 的战略分析(0.5 天)
	软件介绍及基本应用(可选)(3 天)
轨道交通	BIM 在轨道交通行业的应用(全生命周期的应用)(0.5 天)
	施工单位企业级 BIM(以中交第二航务工程局为例)(0.5 天)
	轨道交通业主企业级 BIM 实施(以广州地铁为例:全国第一个企业级、业主主导的地铁 BIM 项目)(1 天)
	轨道交通施工单位的 BIM(以申通地铁施工项目 BIM 为例)(0.5 天)
市政	市政行业 BIM 概况(0.5 天)
	点和点编组(0.5 天)
	曲面(1 天)
	路线(0.5 天)
	纵、横断面(0.5 天)
	道路(0.5 天)
	放坡(0.5 天)
	场地(0.5 天)
	地块(0.5 天)
	LandXML 导入和导出(0.5 天)

2.2.2　不同应用领域的 BIM 工程师职业素质与能力要求

　　如前文所述,BIM 的应用领域包含了 BIM 标准管理类、BIM 工具研发类、BIM 工程应用类、BIM 教育类。本节分别具体介绍这 4 类人员的岗位职责与能力素质要求。

1)BIM 标准管理类

（1）BIM 基础理论研究人员

岗位职责:负责了解国内外 BIM 发展动态(包括发展方向、发展程度、新技术应用等);负责研究 BIM 基础理论;负责提出具有创新性的新理论等。

能力素质要求:具有相应的理论研究及论文撰写经验;具有良好的文字表达能力;具有良好的文献数据查阅能力;对 BIM 技术具有比较全面的了解等。

(2)BIM 标准研究人员

岗位职责:负责收集、贯彻国际、国家及行业的相关标准;负责编制企业 BIM 应用标准化工作计划及长远规划;负责组织制定 BIM 应用标准与规范;负责宣传及检查 BIM 应用标准与规范的执行;负责根据实际应用情况组织 BIM 应用标准与规范的修订等。

能力素质要求:具有良好的文字表达能力;具有良好的文献数据查阅能力;对 BIM 技术发展方向及国家政策有一定的了解;对 BIM 技术具有比较全面的了解等。

2)BIM 工具研发类

(1)BIM 产品设计人员

岗位职责:负责了解国内外 BIM 产品的概况,包括产品设计、应用及发展等;负责 BIM 产品概念设计;负责 BIM 产品设计;负责 BIM 产品投入市场的后期优化等。

能力素质要求:熟悉 BIM 技术的应用价值;具有设计创新性;具有产品设计经验等。

(2)BIM 软件开发人员

岗位职责:负责 BIM 软件设计;负责 BIM 软件开发及测试;负责 BIM 软件维护工作等。

能力素质要求:了解 BIM 技术应用;掌握相关编程语言;掌握软件开发工具;熟悉数据库的运用等。

3)BIM 工程应用类

(1)BIM 模型生产工程师

岗位职责:负责根据项目需求建立相关的 BIM 模型,如场地模型、土建模型、机电模型、钢结构模型、幕墙模型、绿色模型及安全模型等。

能力素质要求:具备工程建筑设计相关专业背景;具有良好的识图能力,能够准确读懂项目相关图纸;具备相关的建模知识及能力;熟悉各种 BIM 相关建模软件;对 BIM 模型后期应用有一定的了解等。

(2)BIM 专业分析工程师

岗位职责:负责利用 BIM 模型对工程项目的整体质量、效率、成本、安全等关键指标进行分析、模拟、优化,从而对该项目承载体的 BIM 模型进行调整,以实现高效、优质、低价的项目总体实现和交付。例如,根据相关要求利用模型对项目工程进行性能分析及对项目进行虚拟建造模拟等。

能力素质要求:具备建筑相关专业知识;对建筑场地、空间、日照、通风、耗能、噪声及景观能见度等相关要求比较了解;对项目施工过程及管理比较了解;具有一定的 BIM 应用实践经验;熟悉相关 BIM 分析软件及协调软件等。

(3)BIM 信息应用工程师

岗位职责:负责根据项目 BIM 模型完成各阶段的信息管理及应用的工作,如施工图出图、工程量估算、施工现场模拟机管理、运维阶段的物业管理、设备管理及空间管理等。

能力素质要求:对 BIM 项目各阶段实施有一定的了解,并且能够运用 BIM 技术解决工程实际问题等。

（4）BIM 系统管理工程师

岗位职责：负责 BIM 应用系统、数据协同及存储系统、构件库管理系统的日常维护、备份等工作；负责各系统的人员及权限的设置与维护；负责各项目环境资源的准备及维护等。

能力素质要求：具备计算机应用、软件工程等专业背景；具备一定的系统维护经验等。

（5）BIM 数据维护工程师

岗位职责：负责收集、整理各部门、各项目的构建资源数据及模型、图纸、文档等项目交付数据；负责对构件资源数据及项目交付数据进行标准化审核，并提交审核情况报告；负责对构件资源数据进行结构化整理并导入构件库，并保证数据良好的检索能力；负责对构件库中构件资源的一致性、时效性进行维护，保证构件库资源的可用性；负责对数据信息的汇总、提取，供其他系统及应用使用等。

能力素质要求：具备建筑、结构、暖通、给水排水、电气等相关专业背景；熟悉 BIM 软件应用；具有良好的计算机应用能力等。

4）BIM 教育类

（1）高校教师

岗位职责：负责 BIM 研究（可分为不同领域的研究）；负责 BIM 相关教材的编写，以便课程教学的实施；负责面向高校学生讲解 BIM 技术知识，培养学生运用 BIM 技术的能力；负责为社会系统地培养 BIM 技术专业人才等。

能力素质要求：具有一定的 BIM 技术研究或应用经验；对 BIM 技术有较全面或深入的了解；具有良好的口头表达能力等。

（2）培训讲师

岗位职责：负责面向学员进行相关 BIM 软件培训，培养及提高学员 BIM 软件应用技能；负责面向企业高层进行 BIM 概念培训，帮助企业更好地运用 BIM 技术从而提高公司效益等。

能力素质要求：具有一定的 BIM 技术应用经验；能够熟练掌握及应用各种 BIM 软件；有良好的口头表达能力等。

2.2.3　不同应用程度的 BIM 工程师职业素质与能力要求

如前文所述，BIM 的应用程度分为 BIM 操作人员、BIM 技术主管、BIM 项目经理、BIM 战略总监 4 个层次。这 4 个层次人员的岗位职责与能力素质要求如下。

（1）BIM 操作人员

岗位职责：负责创建 BIM 模型、基于 BIM 模型创建二维视图以及添加指定的 BIM 信息；配合项目需求，负责 BIM 可持续设计，如绿色建筑设计、节能分析、室内外渲染、虚拟漫游、建筑动画、虚拟施工周期、工程量统计等。

能力素质要求：具备土建、水电、暖通、工业与民用建筑等相关专业背景；熟练掌握 BIM 各类软件，如建模软件、分析软件、可视化软件等。

（2）BIM 技术主管

岗位职责：负责对 BIM 项目在各阶段实施过程中进行技术指导及监督；负责将 BIM 项目经

理的项目任务安排落实到 BIM 操作人员;负责协同各 BIM 操作人员工作内容等。

能力素质要求:具备土建、水电、暖通、工民建等相关专业背景;具有丰富的 BIM 技术应用经验,能够独立指导 BIM 项目实施技术问题;具有良好的沟通协调能力等。

(3)BIM 项目经理

岗位职责:负责对 BIM 项目进行规划、管理和执行,保质保量实现 BIM 应用的效益,能够自行或通过调动资源解决工程项目 BIM 应用中的技术和管理问题;负责参与 BIM 项目决策,制订 BIM 工作计划,负责设计环境的保障监督措施,监督并协调 IT 服务人员完成项目 BIM 软硬件及网络环境的建立,确定项目中的各类 BIM 标准及规范,如大项目切分原则、构件使用规范、建模原则、专业内协同设计模式、专业间协同设计模式等,同时还需负责对 BIM 工作进度的管理与监控等。

能力素质要求:具备土建、水电、暖通、工民建等相关专业背景;具有丰富的建筑行业实际项目的设计与管理经验、独立管理大型 BIM 建筑工程项目的经验;熟悉 BIM 建模及专业软件;具有良好的组织能力及沟通能力等。

(4)BIM 战略总监

岗位职责:负责企业、部门或专业的 BIM 总体发展战略,包括组建团队、确定技术路线、研究 BIM 对企业的质量效益和经济效益、制订 BIM 实施计划等;负责企业 BIM 战略与顶层设计、BIM 理念与企业文化的融合、BIM 组织实施机构的构建、BIM 实施方案比选、BIM 实施流程优化、企业 BIM 信息构想平台搭建以及 BIM 服务模式与管理模式创新等。

能力素质要求:对 BIM 的应用价值有系统了解和深入认识;了解 BIM 基本原理和国内外应用现状;了解 BIM 将给建筑业带来的价值和影响;掌握 BIM 在施工行业的应用价值和实施方法,掌握 BIM 实施应用环境,如软件、硬件、网络、团队、合同等。

【延伸阅读】

9类BIM工程师

2.3　BIM 工程师职业发展

2.3.1　BIM 工程师行业的职业发展态势

BIM 技术掀起了建筑行业的一场革命,从 BIM 技术进入到被完全接纳,成为成熟稳定的技术需要,大致需要经过 3 个阶段。

(1)独立并共存

现在我国的 BIM 技术就处于这个阶段。目前,BIM 咨询公司是时代的产物。虽然明知 BIM 是未来的发展趋势,但很多中小型公司仍不设立 BIM 工程师岗位,或者就算是做了 BIM 的技术工作,也不会把工作人员专门称为 BIM 工程师。他们对 BIM 技术的培训大多都是专门抽调人员出来学习。因为目前的中国建筑行业,只有大型工程相关单位才用 BIM。这些工程技术难度大、设计费高、收入也相对比较可观。一些 BIM 技术没有得到全面推广的城市,BIM 还仅仅是停留在研习摸索阶段。因此,相关企业可以在需要 BIM 技术支持时寻求外援——BIM 咨询公司。既然大部分企业不愿意为了少量大型项目培养一批专门做 BIM 的人才,那么这些走在行业前沿的人才自然而然就会集中到一起,BIM 咨询公司就应运而生。BIM 咨询公司专门负责为那些需要 BIM 技术支持的单位的大型项目提供支持,因此在 BIM 技术支持上占据很大的优势。

在这个阶段里,因为国家大力倡导,对拥有 BIM 技术的项目的政策不断出台,BIM 技术相对独立存在于各个建设部门中,或成为独立的 BIM 咨询公司。在 BIM 技术未成熟时(例如行业规范未全面完成、各种各样的 BIM 软件细节未统一、BIM 协同工作平台没有真正推行),建筑行业都将一直处于第一个阶段。这些专门做 BIM 的公司与团队的产生,可以说是利益驱使下的产物,也可以说是 BIM 技术融入传统行业前必然出现的先行者。

(2)吸纳与融合阶段

长远看来,所有专门设立的 BIM 团队与 BIM 企业终会慢慢融入传统建筑行业并逐步被取代或被取消。随着 BIM 技术近年来不断提出,从国家到地方的大力推行,利益促使着各个企业愿意对 BIM 技术进行研习与尝试。随着各方面技术的发展,日趋完善是必然趋势。一旦 BIM 技术成熟,传统行业也会在摸索中找到最合适的吸纳方法。这意味着传统的建筑行业已经明白 BIM 的工作原理与其合适的岗位定位。

长安大学叶馨老师认为,"在项目里也好,在相关企业也好,专门成立一个部门,或者专门找一批人,冠以 BIM 部门、BIM 工程师这样的称号,不是长久的解决之道。因为 BIM 的根本目的是所有人、所有专业、建筑全生命周期的信息共享。现在让这一拨人、这一个部门来做信息添加或提取,跟 BIM 的目的本身是背道而驰的。"

因此,在第二阶段,不会有专门的 BIM 团队与 BIM 企业去完成 BIM 的业务。而是所有的建设相关企业工作人员会把 BIM 作为像 CAD 一样的基本技能看待。"懂得 BIM 技术是优势"这种观点会转为"不懂 BIM 技术是劣势"。在这个阶段中,BIM 作为必需品存在于建筑产业中,不再是作为某些大工程的锦上添花而存在。

(3)整合与协调阶段

随着 BIM 技术的全面普及,就如当下的 CAD 一样,当所有人都学会这个技术时,这个技术又为相关单位提高了效率,节约了大量人力财力。某些新的岗位将会重新诞生,一些过去大量需求的岗位也会逐渐减少需求。例如,将来懂得 BIM 一个专业建模不再是优势,各大企业更愿意招聘懂得各个专业技术统一综合的管理人员,BIM 项目管理工程师会越来越常见,而那些专门的 BIM 绘图员估计会被淘汰。又例如,为了方便各单位在全过程协同工作与管理,是否会产生一些专门的 BIM 沟通员?

然而,这一切就目前来说都言之过早,既然知道建筑信息模型技术是不可逆转的发展态势,既不能操之过急,也不能因循守旧,只有顺势而为,方能一直走在行业前沿,不被迅猛发展的科学技术所淘汰。

2.3.2　项目全生命周期各阶段中的 BIM 技术

BIM 技术可应用于项目全生命周期各阶段中,包括项目各参与方,因此 BIM 技术应用领域较多,应用内容比较丰富。BIM 工程师可以根据自身兴趣及需求选择相应的职业发展方向。

(1)BIM 与招标投标

BIM 工程师在招标管理方面的工作应用主要体现在以下几个方面:

①数据共享。BIM 模型的可视化能让投标方深入了解招标方所提出的条件,避免信息孤岛

的产生,保证数据的共通共享及可追溯性。

②经济指标的控制。控制经济指标的精确性与准确性,避免建筑面积与限高的造假。

③无纸化招标投标。实现无纸化招标投标,从而节约大量纸张和装订费用,真正做到绿色、低碳、环保。

④削减招标投标成本。可实现招标投标的跨区域、低成本、高效率、更透明、现代化,大幅度削减招标投标人力成本。

⑤整合招标投标文件。整合所有招标文件,量化各项指标,对比论证各投标人的总价、综合单价及单价构成的合理性。

⑥评标管理。基于BIM技术能够记录评标过程并生成数据库,对操作员的操作进行实时的监督,评标过程可事后查询,最大限度地减少暗箱操作、虚假招标、权钱交易,有利于规范市场秩序、防止权力寻租与腐败,有效推动招标投标工作的公开化、法制化,使得招标投标工作更加公正、透明。

(2)BIM与设计

BIM工程师在设计方面的工作应用主要体现在以下几个方面:

①通过创建模型,更好地表达设计意图,突出设计效果,满足业主需求。

②利用模型进行专业协同设计,可减少设计错误;通过碰撞检查,把类似空间障碍等问题消灭在出图之前。

③可视化的设计会审和专业协同,基于三维模型的设计信息传递和交换将更加直观、有效,有利于各方沟通和理解。

(3)BIM与施工

BIM工程师在施工中的应用主要体现在以下几个方面:

①利用模型进行直观的"预施工",预知施工难点,更大程度地消除施工的不确定性和不可预见性,降低施工风险,保证施工技术措施的可行、安全、合理和优化。

②在设计方提供的模型基础上进行施工深化设计,解决设计信息中没有体现的细节问题和施工细部做法,更直观、更切合实际地对现场施工工人进行技术交底。

③为构件加工提供最详细的加工详图,减少现场作业、保证质量。

④利用模型进行施工过程荷载验算、进度与物料控制、施工质量检查等。

(4)BIM与造价

BIM工程师在造价方面的工作应用主要体现在以下两个方面:

①项目计划阶段,对工程造价进行预估,应用BIM技术提供各设计阶段准确的工程量、设计参数和工程参数,将工程量和参数与技术经济指标结合,以计算出准确的估算、概算,再运用价值工程和限额设计等手段对设计成果进行优化。

②在合同管理阶段,通过对细部工程造价信息的抽取、分析和控制,从而控制整个项目的总造价。

(5)BIM与运维

BIM工程师在运维方面的工作应用主要体现在以下几个方面:

①数据集成与共享化运维管理,把成堆的图纸、报价单、采购单、工期图等统筹在一起,呈现出直观、实用的数据信息,基于这些信息进行运维管理。

②可视化运维管理,基于 BIM 三维模型对建筑运维阶段进行直观的、可视化的管理。

③应急管理决策与模拟,提供实时的数据访问,在没有获取足够信息的情况下,做出应急响应的决策。

可见,BIM 在工程的各个阶段都能发挥重要的作用,项目各方都能加以利用。

【延伸阅读】

BIM工程师市场需要

【思考练习】

1. 什么是 BIM 工程师?

2. 按应用领域分,BIM 工程师岗位如何分类?

3. 按应用程度分,BIM 工程师岗位如何分类?

4. 在中国相对权威的 BIM 专业技术考试有哪些?

5. 一个完整的 BIM 咨询公司或 BIM 业务团队应该设有哪些岗位,这些岗位都有怎样的要求?

第3章 BIM 软件体系

3.1 BIM 应用软件框架

3.1.1 BIM 应用软件的发展与形成

20 世纪 60 年代初,计算机辅助建筑设计(Computer-Aided Architectural Design,CAAD)在科学信息技术和建筑理论等多重影响之下,不断进步发展,更新改进,在建筑工程领域逐步占据了举足轻重的地位。时至今日,计算机技术与建筑设计的结合已从"辅助设计"(CAAD)转向"智能设计"(Computer-Intelligent Architectural Design)。时下流行的 BIM 技术,是在 CAAD 的基础上为建筑项目从策划设计到运行维护的整个生命周期提供有力的支持。因此,BIM 软件的发展离不开 CAAD 软件的发展。

(1)萌芽阶段——20 世纪 50 年代

20 世纪 40 年代第一代计算机——电子管数字机问世,采用机器语言编程,应用领域以军事和科学计算为主。到 50 年代末,出现了第二代计算机,硬件方面逻辑元件改进为晶体管,应用领域以科学计算和事务处理为主,并开始进入工业控制领域。1956 年,曾从事过建筑的美国科幻作家罗伯特·海因莱因(Robert A. Heinlein)在小说《进入盛夏之门》(The Door into Summer)中预言了计算机辅助设计系统,提出"绘图机器人"(Drafting Dan)的设想。

(2)形成时期——20 世纪 60 年代

1963 年,伊凡·萨瑟兰(Ivan Sutherland)在美国麻省理工学院发表了博士论文《Sketchpad:一个人机通信的图形系统》,在计算机的图形终端上实现了用光笔绘制、修改图形和图形的缩放。此项研究中提出的计算机图形学、交互技术及图形符号的存储采用分层的数据结构等思想,对 CAD 技术的发展及应用起到重要的推动作用。

与此同时,随着计算机技术的发展,在 60 年代初,第三代计算机硬件采用了中、小规模集成电路(MSI、SSI),软件方面出现了分时操作系统以及结构化、规模化程序设计方法,应用领域开始进入文字处理和图形图像处理领域。在此基础上,陆续开发了一系列交互式绘图软件,如 SKETCHPAD、IGL 等,被认为是第一代 CAD 软件。这一时期的 CAD 在当时应用范围很小,只有在重点研究部门和个别大型建筑事务所才能得以使用。虽然这一时期 CAD 软件由于成本高昂、技术复杂、功能有限等原因尚未在建筑领域迅速发展,但计算机技术与建筑技术融合的思想,拉开了 CAAD 技术发展的序幕。

(3)发展时期——20 世纪 70 年代

随着 16 位计算机的逐渐普及,计算机的性价比大幅度提高,光栅扫描图形输入板、绘图仪等图形设备也相继推出和完善,这大大推动了 CAAD 的发展。美国工程师索德(J. J. Souder)和克拉克(Clark. W. E.)研发的 Coplanner 系统,可用于估算医院的交通问题,以改进医院的平面布局。美国波士顿出现了第一个商业化的 CAAD 系统——ARK-2,可以进行建筑方面的可行性研究、规划设计、平面图及施工设计、技术指标及设计说明的编制等。同时,还有一批通用型的 CAAD 系统(如 COMPUTERVISION、CADAM 等)被应用到建筑设计的绘图中。美国著名的 SOM 建筑事务所,运用 CAAD 技术完成了多项建筑设计,如 1975 年沙特阿拉伯的"吉达航空港"(图 3.1)、1978 年的"阿卜杜尔·阿齐兹国王大学"等。

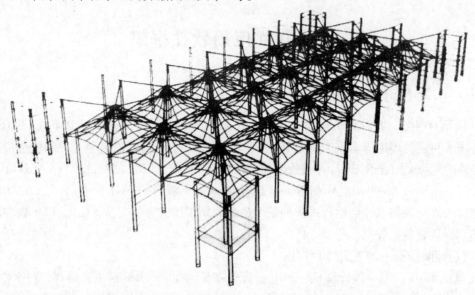

图 3.1　运用 CAAD 技术对沙特阿拉伯吉达机场候机棚做的模拟设计

在英国,也开发了几个著名的用于公共建筑设计的 CAAD 系统,如用于医院设计的 HARNESS 系统和 OXSYS 系统、用于邮局设计的 CEDAR 系统。爱丁堡大学也开发了一个 SSHA 系统,主要用于住宅设计。日本也在 20 世纪 70 年代就开展了 CAAD 系统的研制工作。

经过了前一阶段的摸索,这一阶段的软件研发者开始从建筑专业特点出发,以二维图形为基础,将过去 CAD 中通用绘图功能结合建筑技术加以改进,建筑师将设计构思按照传统方法在计算机上绘制正式图形,计算机在建筑创作过程中扮演了高级绘图员的角色,大幅提高了绘图效率。除了绘图,这一时期的 CAAD 软件还具备了初步分析、评价的功能,并取得了一定的进步。

(4)普遍与成熟时期——20 世纪 80—90 年代

20 世纪 80 年代采用超大规模集成电路的微型计算机出现,计算机软、硬件性能得到迅速发展,然而成本却随着计算机的普及而下降。1983 年,美国苹果公司研发的 APPLE LISA 是第一台使用了鼠标和图形用户界面的电脑,全新的人机交互模式使得计算机进一步被广泛接受。建筑师由此将设计工作从大型机转到微型计算机上,促进了一系列 CAAD 的研发。其中,具有代表性、使用范围最广的软件为美国欧特克(Autodesk)公司于 1982 年开发的 AutoCAD。

图形工作站的出现使得计算机图形学和计算机几何造型技术更加完善,其出色的三维建模能力使得 CAAD 系统的研发者开始了由二维向三维的进化。到 20 世纪 90 年代,PC 机和工作站在价格和性能各方面已无明显区别。CAAD 系统由于其高效也得到了空前和广泛的应用,成为每个建筑设计事务所的必备工具。此阶段的 CAAD 系统为了满足绘图、图形布局、三维建模和渲染等不同专业领域的使用需求推出了相应的多级产品。在我国,出现了以 CAD 为平台,满足不同专业使用需求的插件,如天正。这类软件将各个建筑构件定义为相应的对象,如柱、门窗、墙体等,在计算机上绘图室由具有属性和三维尺寸的建筑构件构成。然而局限于当时 CAD 系统绘图软件的技术,无法确保信息的质量、可靠性和协调性。

（5）BIM 时期——21 世纪初至今

伴随着建筑业的不断发展,CAAD 系统也日益完善,对项目工程的设计、建造、管理、运维也提出了更高的要求。BIM 技术在 21 世纪初逐步受到重视,成为建筑行业的发展趋势。相比较于传统的 CAAD 系统,BIM 系统基于三维建筑实体建模,在整个项目生命周期都可与项目进行实时互动,并可以随时使用和修改模型信息,修改的信息会同步体现在与之相关的各文件中。此时的三维建筑模型不再是以往由简单图元——点、线、面的构成,而是一个包含建筑综合信息的数据库;除了建筑构件的构造信息,还集合了建筑项目的材料、造价、能耗、施工进程等多方面的信息,被称为由不同器官共同控制的"有机生命体"。

BIM 技术可省时间和资金,减少错误,提高生产效率,越来越被市场认可。为了顺应市场发展,BIM 软件应运而生。Graphisoft 公司研发于 20 世纪 80 年代的 ArchiCAD 是最早的 BIM 软件。随后 Bentlye 公司、Revit 公司等都分别相应推出自己的 BIM 软件。BIM 系统逐步进入了蓬勃发展的时代。

3.1.2　BIM 应用软件的分类

由于 BIM 应用中涉及不同的专业、不同的进度、不同的使用方,人们也意识到要完成一个项目的全生命周期应用一个软件是很难做到的,它需要多个软件的协同合作。美国 buildingSMART 联盟主席 Dana K. Smith 在其出版的 BIM 专著"Building Information Modeling-A Strategic Implementation Guide for Architects,Engineers,Constructors and Real Estate Asset Managers"中下了这样一个论断:"依靠一个软件解决所有问题的时代已经一去不复返了。"

BIM 应用软件,是指基于 BIM 技术的应用软件,也指支持 BIM 技术应用的软件。也就是说,既包括在 buildingSMART International(bSI)获得 IFC 认证的 BIM 软件,也包括用于某一专业、某一周期的 BIM 相关应用软件。面对众多的软件,应该如何分类认识呢？伊士曼根据软件的使用功能将 BIM 应用软件分为 3 大类:用于专业的 BIM 工具软件(BIM tool)、用于信息的 BIM 平台软件(BIM Platform)、用于整合管理的 BIM 环境软件(BIM Environment)。美国总承包商协会(Associated General Contractors of American,AGC)按照应用领域将 BIM 应用软件分为 8 大类:

①概念设计和可行性研究软件(Preliminary Design and Feasibility Tools)。

②BIM 核心建模软件(BIM Authoring Tools)。

③BIM 分析软件(BIM Analysis Tools)。

④施工图和预制加工软件(Shop Drawing and Fabrication Tools)。

⑤施工管理软件(Construction Management Tools)。

⑥算量和预算软件(Quantity Takeoff and Estimating Tools)。

⑦计划软件(Scheduling Tools)。

⑧文件共享和协同软件(File Sharing and Collaboration Tools)。

通过整合归纳,将 BIM 应用软件简单分为 3 类:BIM 基础软件、BIM 工具软件、BIM 平台软件。

（1）BIM 基础软件

BIM 基础软件是指可用于建立能为多个 BIM 应用软件所使用的 BIM 数据的软件。一般利用 BIM 基础软件建立具有建筑信息数据的模型,然后该模型可用于基于 BIM 技术的专业应用软件。简单来说,它主要是用于项目建模,是 BIM 应用的基础。目前,常用的软件有美国欧特克(Autodesk)的 Revit 软件、匈牙利 Graphisoft 公司的 ArchiCAD 等。

（2）BIM 工具软件

BIM 工具软件是指利用 BIM 基础软件提供的 BIM 信息数据,开展各种工作的应用软件。例如,可以利用由 BIM 基础软件建立的建筑模型,进行进一步的专业配合,如节能分析、造价分析,甚至到施工进度控制。目前,常用的软件有美国欧特克(Autodesk)的 Ecotect,国内产品鲁班、鸿业,等等。

（3）平台软件

BIM 平台软件是指能对各类 BIM 基础软件及 BIM 工具软件产生的 BIM 数据进行有效的管理,以便支持建筑全生命期 BIM 数据的共享应用的应用软件。这类软件架构了一个信息共享的平台,各专业人员可以通过网络,共享和查看项目数据信息,避免了以往信息变更沟通不及时而导致的错误发生。目前,常用的软件有美国欧特克(Autodesk)的 BIM 360 系列。

3.1.3　现行 BIM 应用软件分类框架

BIM 技术应用在建筑的全生命周期。按 BIM 应用软件应用的阶段、功能,可以按图 3.2 进行分类。

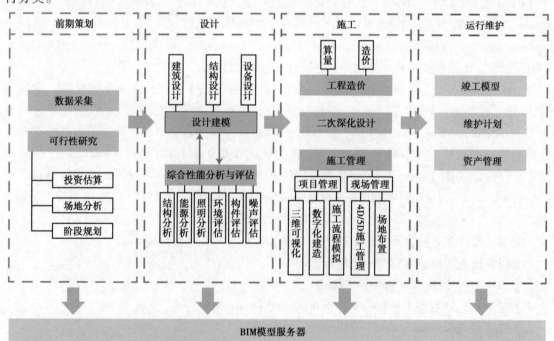

图 3.2　现行 BIM 应用软件分类框架图

在项目的前期策划阶段,对项目的可行性研究离不开数据和信息的支持。因此,数据的采集和输入是有关 BIM 一切工作的开始。通过数据采集软件输入拟建造方案的基础数据,如环境、场地等信息,再利用分析软件对项目进行分析,有助于业主或设计人员在项目的前期就对项目整体有一个较好的把控,从而作出最佳决策。

进入设计阶段后,建筑、结构、设备等专业根据设计方案进行 BIM 建模。BIM 建模是整个项目周期中最核心的工作,后续工作都在此基础上进行。模型的建立也不是一个孤立的过程,它需要各个专业的相互协调、相互配合。与此同时,还需要结合不同专业的分析与评估软件的反馈结果再次进行修改,优化。

进入施工阶段后,首先在招投标环节,利用工程算量和造价软件进行成本计算和控制。然后,在施工图的基础上结合施工需要和机电等其他专业进行二次深化设计、碰撞检测等,避免施工时出现错误。在施工组织管理过程中,对于项目的管理,可以通过三维可视化软件、数字化建造软件和施工流程模拟软件,直观地看到构件搭接;对项目进行虚拟分析,以加强对建筑施工过程的事先预测和动态管理能力。在现场管理方面,除了利用场地布置软件来控制现场施工,还可以利用 4D/5D 管理软件进行辅助。4D 模型是在三维几何模型上附加施工时间信息形成的,以管理施工进度。5D 模型是在 4D 模型的基础上增加成本信息,进行更全面的施工管理。

在运营维护阶段,BIM 模型可以为业主提供建设项目中所有系统的信息,在施工过程中所做出的修改,也将全部同步更新到 BIM 模型中最终形成 BIM 竣工模型,成为后期维护计划软件和资产管理软件应用的基础。

贯穿在整个项目生命周期的,还有支持 BIM 模型数据与信息储存、共享的服务器,也就是 BIM 平台软件。

3.2　BIM 基础建模软件

3.2.1　BIM 基础建模软件介绍

BIM 基础软件主要是建筑设计建模软件,其主要任务是进行三维设计。建立的可视化模型基于 BIM 技术,是后续 BIM 相关应用软件操作的基础。

基于 BIM 技术的特点,BIM 基础建模软件具有以下 3 个特征。

(1)三维模型的可视性与可编辑性

这是模型建立的基础。应用三维图形技术,能够实现任意三维实体的创建和编辑,同时建筑及构件可以以三维的方式直观地呈现出来,并能够根据需要全方位、各角度地观察模型。

(2)支持常见的建筑构件库

BIM 基础建模软件不再是单纯具有几何信息的图形,而是具有属性信息的虚拟模型。因此,BIM 基础软件中,应提供让用户根据需要进行快速建模的内置构件库,包括梁、板、柱、墙、门窗、楼梯等构件。用户在建模的过程中,可以在构件库中选择要创建的构件类别、形式,然后输入相应的参数。这样大大提高了建筑实施的可行性。

(3)支持三维数据交换标准

一体化是 BIM 技术的优点之一,BIM 技术可以从设计到施工再到运营,贯穿始终。而这一过程又不是一款软件能够解决的,这就要求 BIM 应用软件之间必须能够互通。BIM 建模软件作为 BIM 技术的基础,应能将其建立的模型通过 IFC 等标准输出,为其他 BIM 应用软件再利用。

在以往传统的 CAAD 中,建筑在设计阶段几乎都是在二维的基础上生成。工程师通过图纸形式的平面、立面、剖面来对建筑分别进行设计。这种基于 CAD 软件的二维图纸,局限于软件功能,其设计结果仅为由点、线、面组合而成的图形。这样的绘图方式,由于绘图人的因素往往会出现图与图互相对应不上的错误。

然而,建筑本身就是一个三维实体,其设计的实质也必然是三维空间的构思过程。因此,BIM 建模软件实现了设计方式由二维转向三维的变革,并将三维的建筑设计与二维的成图结合起来。通过 BIM 基础建模软件,可以得到一个唯一的三维模型实体,这个模型包含了图形的数据和构件的属性信息,并可以在后续的 BIM 工具软件中应用。我们还可以通过软件自动生成模型平、立、剖视图,避免互相不一致的问题发生(图 3.3)。

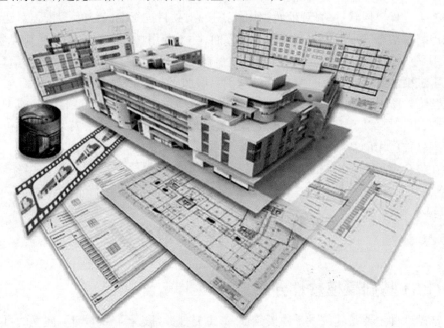

图 3.3 BIM 基础建模软件建立的三维模型自动生成图纸文档

图片来源:The Graphisoft Virtual Building:Bringing the Building Information Model from Concept into Reality,www.graphisoft.com

3.2.2 BIM 模型创建软件

根据不同的使用阶段,BIM 基础建模软件大致可分为两类。

1）BIM 初步概念建模软件

设计阶段初期,设计者需要通过与业主多次沟通来确定设计方案,模型形体的变更、体块的推敲和方案论证是这一阶段的工作重点。因此在建模过程中,建模方式的便捷性和灵活性就显得极为重要。

目前,较为流行的概念建模软件以 SketchUp 最具代表性。它操作简单,上手快速,简单的推拉功能就可以快速生产 3D 几何形体,并自带大量门、窗、柱等组件库,这大大简化了三维建模的过程,能够让设计者将更多的精力专注于设计上。2012 年 SketchUp 被天宝(Trimble)公司收购之后,推出了更为专业的版本 SketchUp Pro,并致力于开发 BIM 系统。直至 SketchUp Pro 2014 问世,支持 IFC 文件的导入和导出使得 SketchUp Pro 正式步入 BIM 软件的行列。在延续原本灵活、直观、便于交流的建模优势之外,SketchUp Pro 还可以在完整的 Design-Building-Operate(DBO)生命周期中提供优化的解决方案(图 3.4)。

图 3.4　SketchUp Pro 操作界面

另一款常用于设计前期概念建模的 BIM 软件是 Trelligence 开发的 Affinity。Trelligence 公司在建筑规划、早期设计和数据整合方面在业界处于领先地位。除了精确的 2D 绘图和灵活的 3D 模型技术,Affinty 在单一平台上提供了一整套易于操作的程序,包括空间规划、方案设计、可行性报告和方案论证与分析等。Affinity 还具有完美的互操作性,能够在 Revit、SketchUp、AECOsim Building Designer、ArchiCAD 和 IES 公司的 VE-Gaia 与 VE-Nacigator for LEED 等软件协同设计,能够有效地解决设计早期阶段的各种问题。

2)BIM 核心建模软件

设计阶段之初的设计方案,通过 BIM 初步概念建模软件的三维建模以及分析论证,得到的最终成果在进入下一阶段时,设计师还需将其转换到 BIM 核心建模软件中进行设计深化。BIM 核心建模软件(BIM Authoring Software)是 BIM 技术应用的基础。它不仅仅是建筑层面上的建模,而且涉及结构、设备、施工等专业多学科的综合协同建模。

随着 BIM 技术的不断发展,BIM 核心建模软件也变得多种多样。

(1)Revit 系列(Revit Architecture,Revit Structure,Revit MEP)

本系列软件由美国的 Autodesk 公司开发。Revit 系列软件包含了建筑、结构、设备 3 个独立的软件,它可以帮助各专业设计人员从方案概念到施工阶段进行模型设计、性能优化并更加高效地协作。使用者可以利用内置的工具进行复杂形状的概念澄清,为建造和施工准备模型。随着设计的持续推进,Revit 能够围绕最复杂的形状自动构建参数化框架,并提供更高的创建控制能力、精确性和灵活性。从概念模型到施工文档的整个设计流程都在一个直观环境中完成。

Revit 系列软件有以下核心特性:

①互操作性。为使项目团队成员进行更高效的协作,Revit 支持一系列行业标准和文件格式的导入和导出以及链接数据,包括 IFC、DWG、DGN、DXF、SKP、JPG、PNG、gbXML 等主流格式。

其用户界面如图 3.5 所示。

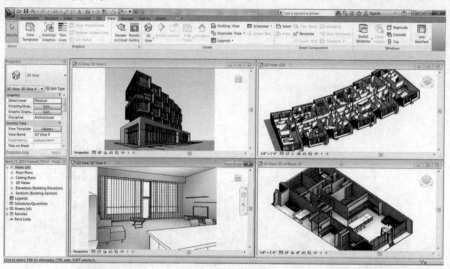

图 3.5　Revit 的用户界面

图片来源：http://www.autodesk.com/products/revit-lt/overview

②双向关联。模型中任何一处发生变更，所有相关内容也随之自动变更。在 Revit 中，所有模型信息都存储在一个位置。Revit 参数化更改引擎可自动协调任意位置所作的更改，如模型视图、图纸、明细表、剖面或平面，从而最大限度地减少错误和遗漏。

③参数化构件。参数化构件（也称族）是在 Revit 中设计使用的所有建筑构件的基础。类似于 AutoCAD 中的块，通过参数化"族"的创建，在设计过程中可以大量地重复使用，提高了三维设计效率。"族"分为标准参数化族和自定义参数化族，它提供了一个开放的图形式系统，使设计者能够自由灵活地构思设计、创建外形，并以逐步细化的方式来表达设计意图。

④协同共享。一方面，多个专业领域的 Revit 软件用户可以共享同一智能建筑信息模型，并将其工作保存到一个中心文件中。另一方面，Revit Server 能够帮助不同地点的项目团队通过广域网（WAN）更加轻松地协作处理共享的 Revit 模型，在同一服务器上综合收集 Revit 中央模型。

（2）Bentley BIM 系列（MicroStation、Bentley Architecture、Bentley Structural、Bentley Building Mechanical Systems、Bentley Building Electrical Systems 等）

本系列软件由美国的 Bentley System 公司开发。Bentley 公司致力于为建筑师、工程师、施工人员和业主运营商提供促进基础设施持续发展的综合软件解决方案，在工程的全生命周期内利用信息模型进行设计、分析、施工建造和运营。Bentley 的 BIM 系列软件也由建筑、结构、设备等多专业共同合作完成的三维模型。每一个专业软件都提供了一个共享的工作环境来支持项目全生命周期各个阶段内所有的设计文件。

MicroStation 是一款用于三维建模、文件编制、可视化的软件。它可以直观地设计建模，不仅可以进行精准的 2D 绘图，还可以利用设计工具建立可编辑曲线、网格和实体模型，并实现 3D 与 2D 文件的交互使用。同时还采用 Luxology 渲染引擎技术，可以对模型进行实时渲染和动画以加强可视化的真实性。此外，MicroStation 除了是可用于工程设计的设计和建模软件，还是一个平台软件。它可以以 DGN 格式统一管理 Bentley 公司所有软件的文档，实现数据互通，具有强大的处理大型工程的能力。

立足于 MicroStation 平台，基于 Bentley BIM 技术 Bentley 开发了一系列专业软件。

①Bentley Architecture，具有面向对象的参数化创建工具，能实现智能的对象关联、参数化门窗洁具等，能够实现二维图样与三维模型的智能联动。主要用于建立各类三维构筑物的全信息模型，应用于建筑专业。其用户界面如图3.6所示。

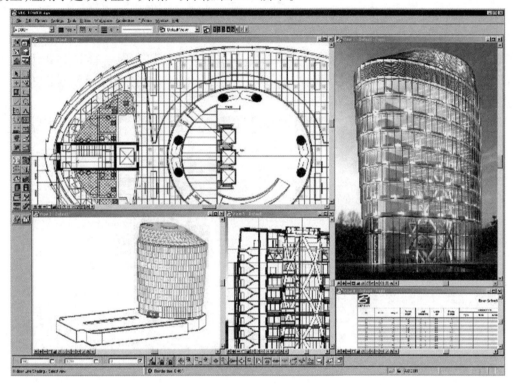

图 3.6　Bentley Architecture 用户界面

图片来源：http://communities.bentley.com/communities/other_communities/be_careers_network_for_
academia/b/news/archive/2014/11/05/architecture-students-quickstart-for-using-aecosim-
building-designer-available

②Bentley Structural，适用于各类混凝土结构、钢结构等各类信息结构模型的创建。结构模型可以连接结构应力分析软件（如 STAAD. Pro 等）进行结构安全性分析计算。从结构模型中可以提取可编辑的平、立面模板图，并能自动标注杆件截面信息。主要用于建立各类三维构筑物的模型，应用于建筑专业、结构专业。

③Bentley Building Mechanical Systems，是建筑物内通风空调系统（HVAC）、给排水系统设计模块。它能够快速实现三维通风及给排水管道的布置设计、材料统计以及平、立、剖面图自动生成等功能，实现二维、三维联动。主要用于创建通风空调管道及设备布置设计，应用于通风、空调和给排水专业。

④Bentley Building Electrical Systems，是基于三维设计技术和智能化的建模系统，可以快速完成平面图布置、系统图自动生成，能够生成各种工程报表，完成电气设计的相关工作，结合BIM 完成协同设计和工程施工模拟进度，满足建筑行业对三维设计日益提高的需求，可应用于建筑电气专业。

（3）ArchiCAD

ArchiCAD 由匈牙利的 Graphisoft 公司开发，是世界上第一款 BIM 软件，基于三维实体模型，具有强大的二维图形生成、施工图设计和参数计算功能。软件可以进行大型复杂的模型创建，其"预测式后台处理"机制，能更快、更好地实现即时模型更新，生成复杂的模型细节。另一个特色就是 GDL 技术。GDL 是一种参数化编程语言，类似于 BASIC。它描述了门、窗、家具、楼梯等结构要素，并在平面图中代表其 2D 符号三维实体对象。这些对象被称为库零件，与 Revit 的族类似。此外，软件自带的壳体工具和改进的变形体工具使得 ArchiCAD 能够在本地 BIM 环境中直接建模，直观使用任意自定义几何形状创建元素。ArchiCAD 还有 MEP Modeler 和 ECODesigner Star 等拓展模块，能够基于创建的模型进行能耗分析、碰撞检测和可实施性检查等。ArchiCAD 用户界面如图 3.7 所示。

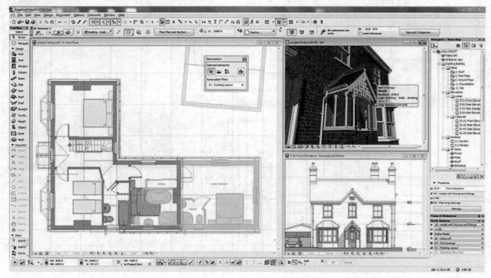

图 3.7　Archi CAD 用户界面

图片来源：https://www.razapc.com/archicad-crack/

（4）AllPLAN、VectorWorks

AllPLAN、VectorWorks 由德国的 Nemetschek 公司开发，是一款智能建筑设计 BIM 软件，提供了建筑物设计和绘图过程的整合方案。在项目的所有阶段，用户可以一边制作建筑结构的模型，一边计算关于量和成本的信息。软件强大的西门子参数化实体建模内核为建模过程提供了更大的自由度，Maxon 的 Cine 渲染器给予 AllPLAN 更高品质的模型可视化。AllPLAN 系列主要包括 AllPLAN Architecture、AllPLAN Engineering 等。

VectorWorks 提供了许多精简且强大的建筑及产品工业设计所需的工具模组；在建筑设计、景观设计、舞台及灯光设计、机械设计及渲染等方面拥有专业化性能。VectorWorks Architect 是软件系列中的一个模块，它能在 BIM 框架内完成建模、绘图和文件编制、分析等。它同样拥有西门子的参数化实体建模内核，从图形脚本工具和细分曲面建模到点云支持，用户都可以轻松创建任何形状。软件还支持可持续性建筑，Energos 功能可以提供一个有关建筑物节能性能的动态智能计量器，能够分析（具有参数的空间物体）、细化材料统计和照明要求来计算项目的能源利用效率。

（5）Digital Project

Gehry Technologies 是由美国建筑师弗兰克·盖里（Frank Gehry）的研发团队于2002年创办的公司，2005年与法国达索系统（Dassault Systèmes）合作。达索系统的 CATIA 软件是一款广泛应用于航空工业以及其他工程行业的产品建模和产品全生命周期管理的3D设计软件。它能创建复杂曲面的建模能力、表现能力和信息管理能力被建筑界关注。Digital Project 是在 CATIA V5 的基础上开发，面向建筑工程行业的软件。它包含3部分，Designer 用于建筑物三维建模，还可以与项目管理软件 Microsoft Project 整合；Manager 提供轻量化、简单易用的管理界面，适合于项目管理、估价及施工管理；Extensions 提供一系列扩展功能，通过与其他软件平台或技术结合，实现更多高级功能。

上述主要 BIM 基础建模软件优缺点对比见表3.1。

表3.1　主要 BIM 基础建模软件比较

软件名称	优　点	缺　点
Revit	• 界面友好，直观易学 • 各专业模块相对齐全 • 可自行建立或从第三方获得海量对象库（Object Libraries） • 支持信息实时全局更新，避免重复修改 • 市场份额大，BIM 工具二次开发的首选平台	• 参数规则有局限性 • 不支持复杂的曲面建模 • 模型稍大时，运行速度会减慢
Bentley	• 模型工具功能强大，涉及范围广泛 • 支持多种复杂建模方式 • 多层次支持开发自定义参数对象和组件	• 界面烦琐，不易上手，不易掌握 • 对象库较少
ArchiCAD	• 界面直观、易学 • 有海量对象库 • 具有丰富的支持施工与设备管理的应用	• 对全局更新参数规则有局限性 • 对大型项目的处理会遇到缩放问题，需进行分割 • 建筑功能较强，其他专业模块较弱
Digital Project	• 提供强大和完整的参数化建模能力 • 支持大型复杂3D建模	• 用户界面复杂，不易掌握 • 初期投资大 • 对象库数量有限 • 建筑绘图功能有缺陷

3.2.3　BIM 建模软件的选择

BIM 技术中，三维实体模型是整个工作链条中最基础的一环，因此 BIM 建模软件就显得十分重要。目前，BIM 基础建模软件多种多样，不同软件在专业性能、多专业协同、数据交换、扩展开发、运行环境、价格等方面均各有不同档次的优劣势，尚未开发出一款在各方面都十分出色的软件。另外，考虑项目的可持续发展，"无论从理论上还是实际上，找不到也开发不出一个可以解决项目生命周期所有参与方、所有阶段、所有工程任务需求的'超级软件'。"因此，如何从众多的 BIM 基础建模软件中选择适合项目或企业发展的软件，是一个值得思考和探讨的问题。

BIM 技术是各专业设计人员用来服务于项目的。因此，如何选择软件主要表现在两个层面：一是企业角度，二是项目角度。

（1）企业角度

是否选择了适合自身发展的 BIM 软件，对企业自身未来的发展、运营产生极大的影响。若能通过 BIM 技术大幅提高企业自身的竞争实力，不仅能为业主提供更优质的专业服务，而且企业自身也能获得更大的利益。

首先，在确定选择 BIM 软件时，企业需先进行自我评估，主要包括以下 3 个方面：

①了解企业自身的优势项目类型。不同的 BIM 建模软件各有所长，如 Revit 常用于民用建筑，Bentley 也可以做基础设施、工厂设计，Digital Project 在异形复杂建模方面更为出色。企业应考虑自身面向的主要项目类型以及其他类型项目的份额配比。

②了解企业内部的专业人才结构。一般企业选择使用 BIM 技术，原有的企业结构可能会出现不适应，也出现了一些新部门、新岗位从事 BIM 应用。企业需要事先了解自身情况和预估未来的发展，包括是否招聘新员工以及何种类型、专业的员工，是否调整企业内不同专业人员数量配比等。此外，员工对 BIM 应用水平的高低决定了企业的 BIM 行业竞争力，因此企业还需要了解员工学习新软件的意愿和掌握程度。

③了解企业软硬件水平和投资估算。不同的软件要求的运行环境不同，软件本身就投资大、技术性强，软硬件都一味寻求高配置也并非科学之道。企业需要根据自身的实力，做出合理的成本和投资回报率估算。

其次，企业应根据专业领域对众多 BIM 建模软件进行比选研究。比选过程中应着重考虑以下 5 点：

①软件的专业性。全面了解备选软件的专业功能性：是否满足企业主要优势专业，是否能满足设计深度，是否能方便地多专业协同设计建模，是否具有开放的平台便于数据共享等。

②软件的互操作性。企业还应该关注项目建模后的相关应用，不能仅关注自身专业或业务，应长远考虑如何能够运用 BIM 软件将自身特点与生命周期中各阶段的数据串联起来，形成数据链，达到多方协同、运营维护等目标。这样不但可以帮助企业项目中提高 BIM 应用的深度，还可以让企业制订出一整套项目周期解决方案，提高自身的竞争力。

③软件的本地化与拓展性。目前，没有一款万能的 BIM 软件，有些软件甚至没有汉化版，而二次开发插件或拓展模块可以或多或少弥补一部分缺憾。能够对软件二次开发进行拓展，也有助于企业长远的发展战略规划。

④软件的售后服务。购买软件后，软件厂商会承诺提供必要的支持，企业在购买之初应考虑软件的升级服务、培训服务、开发服务等是否方便周到、长期可持续。

⑤价格。BIM 软件价格不菲，面对的企业和行业不同，软件价格差异也很大，甚至针对相同的专业价格也各不相同。因此，企业在选择软件时应合理取舍，选择性价比高的建模软件。

最后，需要企业召集相关专业人员，针对研究比选得出的几款候选软件进行测试评价。同样需要考虑以下 4 点：

①软件的功能性：是否能够满足项目的专业需要和深度需要，是否能与企业现有资源进行整合。

②软件的易用性：包括软件系统的稳定性和软件工具是否易学、易操作。

③软件的维护性:对软件系统的维护、故障分析、配置设置等方面是否便捷易懂。

④服务能力:软件厂商的服务质量、技术能力等。

另外,还可以参考同一水平竞争对手的选择,了解其在使用过程中出现的利弊,以便综合考虑。

(2)项目角度

从项目的角度来选择 BIM 建模软件,与企业角度关注的层面大同小异,都需要在了解自身专业人员配置和硬件条件的基础上,选择能够满足项目专业功能和深度、具有协同设计功能、易用、性价比高的软件。简言之,基于数据库平台,能够创建参数化、包含相关专业信息的三维模型,支持模型关联变化、自动更新,支持文件链接、共享和参照引用,支持 IFC 格式,可与其他软件互通。

此外,还需要着重考虑跨企业、跨专业的问题。应用 BIM 技术的项目在与其他专业、其他企业,甚至以后在其他阶段的交流中,大多是采用局域网和互联网混合使用的模式。因此,需要配置强大且系统安全的中心服务器以满足日常运行要求。

3.3　常见的 BIM 工具软件

BIM 工具软件是利用 BIM 三维模型进行其他如分析、检测、管理等后续工作的 BIM 应用软件,它是 BIM 软件的重要组成部分。根据使用功能简单分类,分别选取常用软件进行介绍。

3.3.1　概念设计可行性研究

在设计方案前期,对概念方案的可行性研究因其未雨绸缪、能够提高综合项目投资效率,越来越受到业主和设计方的重视。在项目可行性研究阶段,业主投资方可以使用 BIM 工具软件来评估设计方案的场地分析、环境状况、交通流线、规范标准、投资估算等方面。BIM 甚至可以实现建筑局部的细节推敲,迅速分析在设计和施工过程中可能需要处理的问题;还可以借助 BIM 技术得出不同的解决方案,并通过数据对比和模拟分析得到不同方法的优缺点,以便于投资方做出经济合理的投资方案。通过 BIM 技术在概念设计阶段进行方案的可行性研究应用,设计者可快速得到方案反馈,及时修正设计错误,有效地避免后期阶段更为烦琐的错误修改,节省了时间,提高了方案质量。

(1)DESTINI Profiler

DESTINI Profile 由美国的 Beck Technology 开发。Profiler 是 DESTINI 系列的一部分,在方案可行性研究中主要作用是投资估算和场地分析。主要的功能是 3D 建模,同时通过视觉验证和数据捕获,不断地提供成本开销、能源消耗、生命周期、土方充填开挖以及进度的实时反馈。用户可以在早期分析设计方案,定制报告内容,在多个专业内评估和权衡得失以得到最优的解决方案。DESTINI Profile 用户界面如图 3.8 所示。

此外,软件还带有能源分析模块,能够根据项目所在地的气象信息、建筑造型、楼层数、建筑外围护结构的热工性能、遮阳系数、窗墙比、电气和照明负荷等参数,综合估算建筑耗能峰值,从而使投资者选择合适功率的设备,避免浪费。

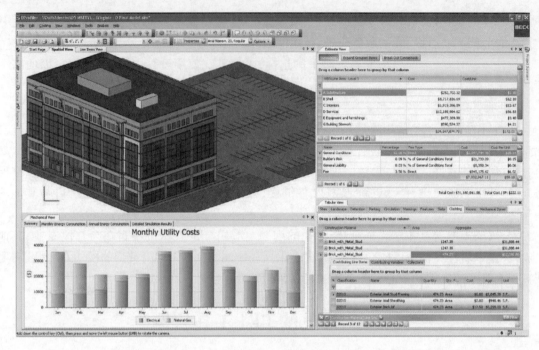

图 3.8　DESTINI Profiler 的用户界面

（2）ONUMA Planning System

Onuma Planning System 由美国的 ONUMA 开发，是一款基于网页的 BIM 分析工具。该系统的主要功能是在项目初步规划阶段进行预测性论证，编制项目需求，迅速进行早期项目规划管理。Onuma 不是传统的软件，而是云软件，虽然有一些简单的建模、BIM 功能，但它并不能替代专业软件在传统领域的优势，而是兼容了很多规划、设计以及 BIM 信息传递和管理的功能。

3.3.2　BIM 分析软件

BIM 分析软件是 BIM 工具软件中非常重要的组成部分，主要包括结构分析软件、能源分析软件、机电分析软件。

1）结构分析软件

结构分析软件在 BIM 平台上，可以与核心建模软件整合在一起，实现信息双向互换，实时更新分析后调整模型，帮助建筑师更快捷、更准确地分析结构的安全性和合理性。

（1）Robot Structural Analysis Professional

Robot Structural Analysis Professional 由美国的 Autodesk 公司开发，是一款强大、易用、高效的通用线性静态分析工具，提供面向建筑、桥梁、土木和其他专业结构的高级结构分析功能。它协作性强，可与 Revit Structure 建立三维的双向连接，在两款软件之间无缝导入和导出结构模型。双向连接使结构分析和设计结果更加精确，这些结果随后在整个建筑信息模型中更新，以制作协调一致的施工文档。Robot Structural Analysis Professional 还能够实现对多种类型的非线性模型进行简化且高效的分析，包括重力二阶效应（P-delta）分析、受拉/受压单元分析以及支撑、缆索和塑性铰分析。Robot Structural Analysis Professional 提供了市场领先的结构动态分析工具和高级快速动态解算器。该解算器确保用户能够轻松地对任何规模的结构进行动态分析。Robot Structural Analysis Professional 用户界面如图 3.9 所示。

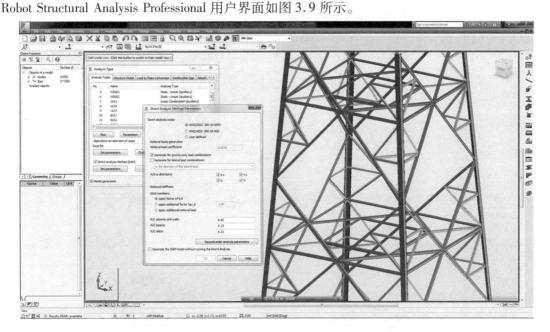

图 3.9　Robot Structural Analysis Professional 用户界面

（2）ETABS、SAP2000

ETABS、SAP2000 由美国的 CSI 公司开发，其用户界面如图 3.10、图 3.11 所示。

ETABS 是一款房屋建筑结构分析与设计软件，用于高层结构计算。超高层建筑（如迪拜塔），基本都是采用 ETABS 进行设计或校核。ETABS 已经发展成为一个建筑结构分析与设计的集成化环境：系统利用图形化的用户界面建立一个建筑结构的实体模型对象，通过先进的有限元模型和自定义标准规范接口技术进行结构分析与设计，实现了精确的计算分析过程和用户可自定义的（选择不同国家和地区）设计规范来进行结构设计工作。除一般高层结构计算功能外，ETABS 还可计算钢结构、钩、顶、弹簧、结构阻尼运动、斜板、变截面梁或腋梁等特殊构件和结构非线性计算（Pushover、Buckling、施工顺序加载等），甚至可以计算结构基础隔震问题，功能非常强大。

同属于 CSI 公司的另一款软件 SAP2000 是集成化的通用结构分析与设计软件。程序是由 Edwards Wilson 创始的 SAP（Structure Analysis Program）系列程序发展而来的。可以完成模型的创建和修改、计算结果的分析和执行、结构设计的检查和优化以及计算结果的图表显示（包括时程反应的位移曲线、反应谱曲线、加速度曲线）和文本显示等，从最简单的问题到最复杂的工程项目，都非常方便快捷。SAP2000 程序有别于其他一般结构有限元程序的最大特点，就在于它强大的分析功能。SAP2000 使用许多不同类型的分析，基本上集成了现有结构分析经常遇到的方法，如时程分析、地震动输入、动力分析以及 Push-over 分析等。另外，还包括静力分析、用特征向量或 Ritz 向量进行振动模式的模态分析、对地震反应的反应谱分析等。这些不同类型的分析可在程序的同一次运行中进行，并把结果综合起来输出。

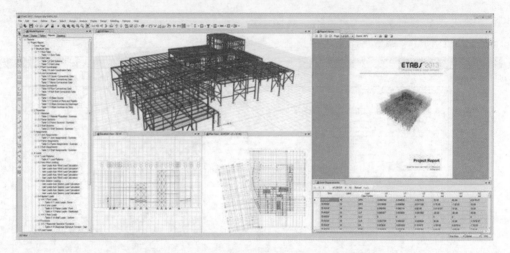

图 3.10　ETABS 用户界面

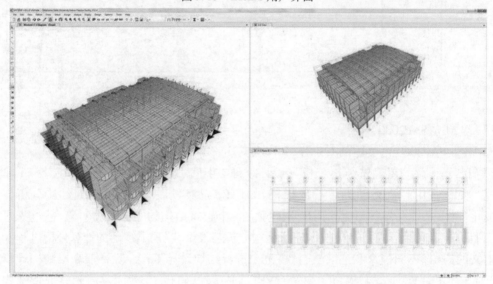

图 3.11　SAP2000 用户界面

2）能源分析软件

在不同的设计阶段，BIM 模型能提供的数据信息的深度不同，通过能源分析得出的评价结果也各不相同。前期方案阶段提供的模型信息主要是体块关系、高度、面积等，得出的结果也相对宏观，如气象信息、朝向、被动式策略和建筑体量；在方案深化设计阶段，模型逐渐丰满，分析就相对集中于日照、遮阳、热工性能、通风以及基本的能源消耗等；到了施工图阶段，BIM 模型信息相对精细明确，分析就能够得到细致的采光、通风、热工计算以及能源消耗报告。

（1）Ecotect Analysis、Green Building Studio

Ecotect Analysis、Green Building Studio 由美国的 Autodesk 公司开发。

Ecotect Analysis 是一款功能全面、适用于从概念设计到详细设计环节的可持续设计及分析工具。它包含应用广泛的仿真和分析功能，能够提高现有建筑和新建筑设计的性能。Ecotect Analysis 将在线能效、水耗及碳排放分析功能与桌面工具相集成，能够可视化及仿真真实环境中的建筑性能。用户可以利用强大的三维表现功能进行交互式分析,模拟日照、阴影、发射和采光等因素对环境的影响。此外,Ecotect Analysis 还有自然通风、风能、光电收集、可视化效果、声学分析等功能。其用户界面如图 3.12 所示。

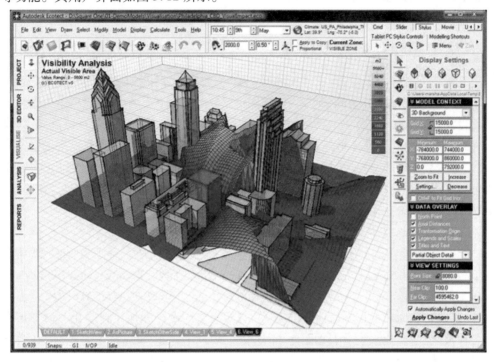

图 3.12 Ecotect Analysis 用户界面

同样出自 Autodesk 公司的 Green Building Studio 是一款基于云计算的能源分析软件,它采用了久经考验的仿真引擎 DOE-2 进行整个建筑的能耗分析,优化能源效率,实现碳分析工作。Green Building Studio 可以确定建筑的总能耗和碳足迹,设计优化方案,提供详细的天气分析、碳排放报告、采光分析、用水量和成本、自然通风能力等评估报告。

(2)斯维尔系列

斯维尔系列软件由中国深圳的斯维尔开发。斯维尔绿色节能设计软件 THS-BECS 是一套为建筑节能提供分析计算功能的软件系统,构建于 AutoCAD 平台之上,采用建筑 3D 建模和 2D 条件图转换两种途径,并可以直接利用主流建筑设计软件的图形文件,避免重复录入,减少工作量,体现建筑与节能设计一体化的思想。该软件遵循国家和地方节能标准或实施细则,适于全国各地的居住建筑和公共建筑的节能设计、节能审查和能耗评估。完成节能设计后,将节能设计结果和结论直接输出 Word 格式的《建筑节能计算报告书》和报审表。

斯维尔日照分析软件 THS-Sun 构建于 AutoCAD 平台,主要为设计师提供日照定量和定性的专业日照计算软件,可快速对复杂建筑群进行日照计算。软件提供绿色建筑指标及太阳能利用模块,通过共享模型技术解决日照分析、绿色建筑指标分析、太阳能计算问题,极大地提高了工作效率,帮助设计师快速、准确地完成建筑项目环境分析工作。

3)机电分析软件

BIM 机电分析软件主要是利用 BIM 模型的数据信息,对建筑的水、暖、电等方面进行分析和评估。

Apache HVAC 是较常用的机电分析软件,由英国的 IES 公司开发。它能够容易并迅速地模拟热、通风设备和空调系统,详细地分析暖通空调节能措施。它以灵活的组件构成方式使专业人员在屏幕上按照设计进行安装设备和系统。

3.3.3　施工图和预制加工软件

这类 BIM 工具软件,能够在确认 BIM 模型正确后,通过计算和图形处理,自动生成设计图、施工图甚至节点详图,节省工作时间,避免人工绘图的重复工作和错误的出现,提高了工作效率。

随着设计方法、设计理念和工具软件的快速发展,各种复杂形体的建筑也越来越多,越来越多的人在思考如何将它们快速地建造起来。随着技术的发展,预制、预装配、模块的定制成为解决的方法,通过数控机床,每一块加工的材料都可以不同,而成本几乎相同。因此,这类 BIM 工具软件可以根据材料的特性进行分割,使各个构件成为适合建造过程中的加工、运输、安装等模块,每一个模块上还附有构件的几何信息和坐标。

（1）Takla Structure（Xsteel）

Takla Structure 由美国的 Trimble 公司开发,主要用于钢结构的工程项目,是一款功能十分强大的 BIM 建模软件,还具有结构分析、碰撞检查的功能。此外,Takla Structure 可以在 BIM 模型的基础上创建施工详图,自动生成构件详图和零件图,并可以在 AutoCAD 中进一步深化设计;零件图可以转化为数控切割机所需的文件,实现钢结构设计和加工自动化。模型还可以自动生成各种报表,如螺栓报表、构件报表、材料报表等。由 Takla Structure 创建的 3D 模型包含设计、制造、安装的全部信息数据,所有的图纸和报告是由唯一的模型产生的一致输出文件。与以前的设计文件使用的系统相较,Tekla Structures 可以获得更高的效率和更好的结果,让设计者可以在更短的时间内做出更正确的设计。Tekla Structures 有效地控制整个结构设计的流程,设计资讯的管理通过共享的 3D 界面得到提升。Takla Structure 用户界面如图 3.13 所示。

图 3.13　Structure 用户界面

（2）3D3S

3D3S 由上海同磊土木工程技术公司开发，是一款空间钢结构系统 CAD 软件，旗下产品可分为 4 个系统：辅助结构工具箱、实体建造与绘图系统、钢与空间结构设计系统、非线性分析系统。

①辅助结构工具箱主要是套用相应规范、图集对多种钢结构进行设计、验算，并生成计算书以及绘制施工图。

②实体建造与绘图系统主要面对轻钢厂房实体、多高层框架实体以及弯扭结构实体。软件可读取 3D3S 设计系统的三维设计模型、SAP2000 的三维计算模型或直接定义柱网输入三维模型，可以在原来三维实体的基础上对杆件进行编辑；可以编辑节点，修改加劲板，修改螺栓布置和大小、焊缝尺寸，并重新进行节点验算；可以直接生成节点设计计算书，根据三维实体模型直接生成结构初步设计图、设计施工图、加工详图；还可以进行弯扭构件实体创建、编辑弯扭构件并设计节点和出图。

③钢与空间结构设计系统包括 8 个模块，分别是多高层结构、厂房结构、变电构架、桁架屋架结构、塔架结构、幕墙结构、索膜结构、网架网壳结构，均可以对其结构进行设计、验算，并直接生成计算书和绘制施工图。

④非线性分析系统适用于任意由梁、杆、索组成的杆系结构，可以进行包括索杆体系、索梁体系、索网体系和混合体系的预张力结构初始状态找形分析与工作状态计算，并进行结构动力特性和地震时程的计算分析，还可以考虑杆结构屈曲特性的分析计算，求得结构非线性荷载-位移关系及极限承载力。

3.3.4　施工管理软件

基于 BIM 的施工阶段是将建筑由虚拟的模型变成工程实物的生产阶段。在这一阶段中，施工管理包括场地管理和项目管理。场地管理主要表现在场地的规划，通过 BIM 技术建立所有工地设施的模型，再将其赋予时间属性形成 4D 模型，可直观了解现场布置和各实体的相关信息。项目管理主要表现在施工流程模拟，可以直观反映施工的各种工序，方便施工单位协调各专业，提前组织专业班组进场施工、准备设备、场地和周转材料等。

（1）VICO Office Suite

VICO Office Suite 由美国的 Vicosoftware 公司开发，是一套 5D 虚拟建造软件，可以同主流的核心建模软件（如 Revit、ArchiCAD、Tekla Structures 等）互通数据。该软件有多个模块，包括施工管理器、布局管理器、估算管理器、LBS 管理器、进度计划、生产控制、4D 管理器、成本估价等，可以用于施工工序安排、成本估价、体量计算、详图生成等应用。其中，Vico Production Planner 应用于施工阶段，主要功能是规划施工进度表以及对现场生产进行管理。VICO 工具支持大型项目的施工管理，尤其是 5DBIM 的应用。该软件包括碰撞检查、模型发布、审查、施工问题检查和标记等功能。

（2）BIM 5D

BIM 5D 由广联达软件股份有限公司开发，以 BIM 平台为核心，集成全专业模型，并以集成模型为载体，关联施工过程中的进度、合同、成本、质量、安全、图纸、物料等信息，为项目提供数据支撑，实现有效决策和精细管理，从而达到减少施工变更、缩短工期、控制成本、提升质量的目的。软件主要功能有：支持全专业 BIM 模型集成浏览，记录管理工程质量、安全问题，web 段驾驶舱在线信息查阅,工程进度、成本信息的集成查看,5D 施工流程模拟,自动生成工作报表,合约管理、三算对比,墙体自动排砖,工程量、物资量快速提取,工程流水段信息查看。

3.3.5　算量和预算软件

算量和预算软件是利用 BIM 三维模型提供的信息对项目进行工程量统计和造价分析。此类软件有 Vico takeoff manager,国内的有鲁班、广联达、斯维尔、神机妙算等算量和预算软件。此部分内容详见本章 3.4.1 节。

3.3.6　运营管理软件

当项目完成后就进入到运营管理阶段。此时,经过一系列设计、施工、变更等后,得到最终的竣工模型。基于竣工模型,运营管理软件可以对项目提供维护计划、资产管理、空间管理等方面的记录和更新,进一步充实和完善项目的信息。

(1) Archibus

Archibus 由美国的 ARCHIBUS 公司开发,是一款功能丰富的运用程序集,专注于不动产、设施及设备资产管理相关的技术领域,能够提供用于管理完整设施资产对象的最佳实践指导方法与功能。软件可用于房地产和租赁管理、状态评估、预防维护、家具和设备追踪、空间使用与内部收费、搬运添加变更管理等运维管理方面的功能。Archibus 解决方案提供图形图像和数据库之间的集成,通过与 AutoCAD 无缝集成,将 CAD 图像和数据库结合在一起,实现数据库和 CAD 图之间的设施信息实时更新。因此,在一个环境中,可以通过 GIS、CAD 空间及设计数据,将不动产、设备、人员、设施、流程、空间位置信息和图形集成到一个计算机管理平台上进行有效的管理。

(2) ArchiFM

ArchiFM 由匈牙利的 Vintocon/Graphisoft 公司开发,是一款在 wab 服务器上运行的运营管理软件。软件通过数据与模型的连接、使用虚拟模型支持运营和维护活动,如区域管理、能源管理、成本控制和库存控制等。ArchiFM 具有生成和评估工程顺序的功能,不同项目团队可以通过 web 服务器在 web 上共享模型数据。ArchiFM 软件可以与 Graphisoft 公司的系列软件(如 Archi CAD)无缝集成。为方便用户摆脱软件安装,随时随地远程使用系统,Vintocon 基于 ArchiFM 系统开发了网页平台 ArchiFM. net 系统,成为"运行在浏览器上的应用程序(It is an application running in a web browser)"。

3.4　工程建设过程中的 BIM 软件应用

项目在完成方案施工图设计之后,就进入工程的具体建设过程。工程建设过程是一个项目由虚拟成长为实体的过程。本节主要从招投标阶段、深化设计阶段、施工阶段 3 个方面来介绍BIM 软件的应用。

3.4.1　招投标阶段的 BIM 工具软件应用

建筑工程的招投标阶段是业主将投资理念转化为实体项目的一个预备环节。在这个阶段,业主需要向投标单位提供以工程量清单为主的招标文件;投标单位则需要根据工程量清单计价,编制投标文件。在传统的模式下,业主投标的施工单位都需要花费大量的时间和精力进行工程量的审核。在时间紧、任务重的情况下,难免会出现一定的错误和疏漏而致使项目亏损。随着建筑规模越来越大、复杂程度越来越高及异形结构的大量应用,传统方法已经难以适应。近年来,BIM技术的应用使得工程算量和计价这一工作变得智能化,简化工作量,减少了计算时间,提高了准确性。

（1）算量软件

工程算量是招投标阶段最重要的工作之一,它是计算项目建设工程造价的依据,对招标方和投标方都有着重要的意义。工程量计算具有工作量大、繁杂、耗时等特点,招投标文件编制占据50% ~70%的时间。算量软件的出现解决了工效低这一难题。相比于过去的二维算量软件,基于BIM技术的算量软件从计算精度、可检查性、工程量输入均表现更为出色。

基于BIM技术的算量软件有的开发在独立的图像平台上,有的则是在常用的基础软件上,如基于Revit或AutoCAD平台进行的二次开发。这些软件都能利用软件进行文件识别或文件转换为三维BIM模型,并在此三维模型的基础上,自动按照各地清单、定额规则进行工程量自动统计、扣减计算,并进行报表统计。此外,这些软件还能支持三维模型数据交换标准,将所建立的三维模型及工程量信息输入施工阶段的应用软件,实现信息共享。

目前,国外的BIM技术算量软件已经取得良好的成效,如Visua Estimating和Vico takeoff Manager。国内的造价软件的发展也比较成熟,品种繁多,以广联达、斯维尔和鲁班应用最为广泛。国内主要算量软件简介见表3.2。

表3.2　国内主要算量软件简介

软件名称	算　量					平　台
	土　建	钢　筋	安　装	精　装	钢结构	
广联达BIM算量	√	√	√	√	√	独立
斯维尔BIM算量	√	√	√			AutoCAD/Revit
鲁班算量系列	√	√	√		√	AutoCAD
神机妙算	√	√	√			AutoCAD
品著	√	√				AutoCAD
筑业四维算量	√	√	√	√		独立

以鲁班算量系列软件为例。项目为南通市政务中心北侧一栋停车综合楼,总高度为60.3 m,地下两层,采用预制装配式混凝土结构形式,项目总建筑面积4.9万 m^2。

鲁班算量系列软件是基于AutoCAD平台开发的,因此首先利用AutoCAD文件转换技术,快速建模（图3.14）。BIM模型的可视化能够形象地反映设计人员的设计意图,算量软件也能够很好地检查各个构件之间的关系。

建模结束后,造价人员根据工程结构要求进行属性编辑和识别,计算出工程量,并生成工程量报表。在算量过程中,造价人员还可以随时进行三维检查,并通过二维图形和三维图形多方比对,查看算量过程中的失误,并及时修改,确定准确性。

土建工程量、钢筋工程量计算如图3.15、图3.16所示。

图 3.14　预制混凝土结构模型

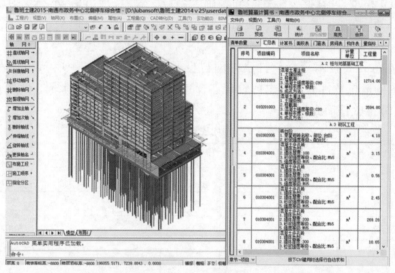

图 3.15　土建工程量计算

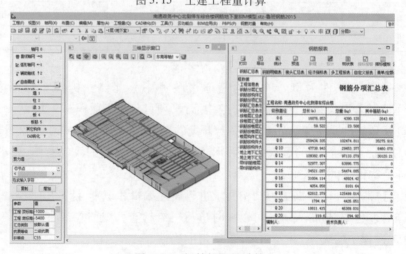

图 3.16　钢筋工程量计算

在传统算量过程中,土建与安装一般是分开来做,各个构件之间的构件不能合理处理,出现较大的偏差。而 BIM 算量软件有效地解决这个问题。在算量软件中,可以直接导入已建好的模型,通过安装设置,可以让通风管、电路、水路等与土建模型相结合,计算出工程量;也可以通过模型的可视化及时检查并修正不合理的部分,大大降低工作量和工作难度。

安装专业 BIM 模型如图 3.17 所示。

图 3.17 安装专业 BIM 模型

(2)计价软件

计价软件多为基于基础平台进行二次开发的,具有地域性,需要遵循各地的定额规范。因此,这类软件几乎都由国内公司开发,主要有广联达、斯维尔(图 3.18)、鲁班、神机妙算、品茗等。计价软件内覆盖全国 30 多个省市的定额,支持全国各地市、各专业定额,提供清单计价、定额计价、综合计价等多种计价方法。

图 3.18 斯维尔清单计价软件操作界面

3.4.2 深化设计阶段的 BIM 工具软件应用

深化设计,是指施工单位在施工图纸的基础上,根据标准图集、施工规范的要求,凭借施工经验及人才优势,结合施工现场的实际情况,对原设计进行优化、调整、完善。针对目前存在的一些设备安装图纸过于粗糙,过分依赖专业设计,且专业设计之间缺乏沟通的问题,加之一些专业设备在施工过程中的变化等情况,如果只按照设计图纸施工,会造成返工浪费,不仅延误工期,还会造成物质、人力的损失。

随着建筑工程技术的飞速发展,项目包含的信息量越来越多。相应地,深化设计涉及的专业更加广泛,工作量也大幅增加。例如,一个高层建筑的深化设计往往涵盖钢结构、玻璃幕墙、机电、精装修等专业,上海环球金融中心深化设计的图纸达 7 万多张。面对如此繁杂的工作,BIM 技术应用具有重要意义。除三维可视化能更清晰准确的进行设计外,BIM 模型还可作为共享的信息载体,便于不同参与方和不同的专业人员提取、修改、更新信息,使各专业间协同工作,减少各专业间因信息冲突而造成的错误。

一般来说,深化设计主要分为两种:一种是专业性深化设计,包括土建结构深化、钢结构深化、幕墙深化、电梯深化、机电专业深化等;另一种是综合性深化设计,即将各专业深化结果进行集成、协调、修订与校核。基于 BIM 技术常用环境,本节主要介绍机电深化设计、钢结构深化设计、幕墙深化设计、模型碰撞检查。

1）机电深化设计

机电深化设计主要包括给排水、暖通、强弱电等专业,在机电施工图的基础上进一步设计完成机电管线综合排布;根据不同管线的不同性质、不同功能和不同施工要求,结合建筑装修的要求,进行管线位置统筹排布。

同样,基于 BIM 技术的机电深化设计软件,有的开发在独立的图像平台,有的是基于常用的基础软件(如 Revit 或 AutoCAD)平台进行的二次开发,还有的是在基础建模软件上进行设计,如 Revit MEP。这些软件也同样满足 BIM 软件的三维可视化和三维数据交换标准。除此之外,机电深化设计 BIM 应用软件还可以建立机电多个专业的管线、通头、末端等构件,如参数化创建构件、Revit MEP 提供族库等。软件还能够在设计过程中检查设备能力是否满足要求,并校验计算以及提供二维出图功能。

（1）Revit MEP、AutoCAD MEP

Revit MEP、AutoCAD MEP 由美国的 Autodesk 公司开发。Revit MEP 是在 Revit 平台上的一个独立的核心建模软件,可通过数据驱动的系统建模和设计来优化建筑设备与管道专业工程。软件基于 Revit 技术,可以与 Revit Architectual、Revit Structure 数据互通。AutoCAD MEP 则是建立在 AutoCAD 的平台上的一款软件(类似插件),与 CAD 结合较好,操作习惯与 AutoCAD 一致。两款 MEP 软件主要包含暖通风道及管道系统、电力照明、给排水等专业,支持 IFC 数据的导入与导出。

（2）MagiCAD

MagiCAD 由芬兰的 Progman 公司开发，2014 年归于中国广联达公司旗下。MagiCAD 基于 Revit 和 AutoCAD 平台，拥有 9 个模块：通风系统设计、水系统设计、喷洒系统设计、管道综合支吊架设计、电气系统设计、电气回路系统设计、系统原理图设计、舒适与能耗分析、智能建模。软件可以进行机械、电气和管道设计机电 BIM 的解决方案。除此以外，软件还有最新的在线 BIM 产品库 MagiCloud，它提供千万级别、世界领先生产厂商的产品，每个产品模型均带有完整的尺寸信息和全面的数据参数。

（3）PKPM 设备系列软件

PKPM 是一套集建筑设计、结构设计、设备设计、节能设计于一体的建筑工程综合 CAD 系统。软件是基于独立自主的独立平台研发，其设备设计系列软件包括采暖、空调、电气及室内外给排水，可从建筑 APM 生成条件图及计算数据，交互完成管线及插件布置，计算绘图一体化。

（4）HYBIM 水暖电设计软件（HYMEP for Revit）及其他机电系列软件

HYMEP for Revit 由中国的鸿业科技开发，是基于 Revit 平台的暖通、给排水、电气专业一体化解决方案软件，提供 MEP 专业的族库管理工具、建模工具、计算分析工具、协同设计工具等。软件功能包括暖通负荷计算模块、节能检测与保温层计算、风系统设计、水系统设计。

此外，鸿业科技还有基于 AutoCAD 平台研发的设备系列软件，专业划分较细，包括暖通空调、热力管网、防排烟计算、室内外给排水、屋面雨水、污水处理、电气设计、室外管线等。

（5）理正 BIM 水暖设计软件（Revit 版）、二维协同系列

理正 BIM 水暖设计软件（Revit 版）是基于 Autodesk Revit MEP 的专业化辅助设计软件，分为风系统、水系统、给排水、消防、采暖五大系统。它与国内首款植入本地规范的计算服务程序紧密集成，有效降低了设计人员采用 Revit 进行设计的难度，显著提升设计效率，体现专业设计与快速建模相结合的软件设计理念。软件的主要功能包括风管水管的批量布置、弯头水管间的批量连接、风口快速布置、阀门喷头的批量布置、专业化标注等，以及电器设备的布置、专业的计算程序、管道高程着色等常用设计工具。

同样，理正有基于 AutoCAD 平台研发的理正协同 CAD 系列软件，包括电气、给排水、暖通 3 个专业。

目前，BIM 技术软件的应用在机电深化设计中已经有了十分成功的案例。广州国际体育演艺中心位于广州市萝岗中心区的南部，总建筑面积为 121 371.1 m^2。机电安装工程包含通风空调、给排水、建筑电气专业，其中包括空调新风系统、空调送回风系统、空调通风系统、消防通风系统、空调水系统、生活给水系统、生活热水系统、生活污水系统、变配电及应急电源系统、动力配电系统、照明系统、智能照明控制系统、综合布线系统、广播电视布线系统、BAS 楼与自控系统、风机盘管控制系统、扩声系统、有线电视系统等 35 个系统的施工。系统管线非常复杂，对综合管线布置的合理性要求很高。

项目选择使用 MagiCAD 完成机电深化设计。项目应用软件的综合管线三维展示平台，通过对建筑物内的工程管线及设备建立三维模型，直观形象，能方便地观察与分析管线与结构的关系，并能及时对问题进行整改，信息数据能够同步更新。在安装前将问题解决掉，不仅节省材料，还为钢结构及安装施工单位节省了时间，保证了工期要求（图 3.19）。

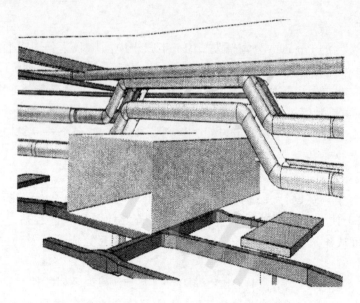

图 3.19　MagiCAD 中风管与水管的三维模型展示

2）钢结构深化设计

近几年,现代建筑材料及施工技术快速发展,钢结构具有刚性大、自重轻、便于标准化加工、施工周期短、造型不受约束等特点,越来越广泛应用于大型公共建筑。钢结构构件的节点种类及数量多,造型和受力复杂,因此它的每一个构件都需要施工详图,即钢结构深化设计。钢结构深化设计是在设计图的基础上,结合实际工程情况,参考构件制作、运输及安装等施工工艺,并与其他专业互相配合,通过二次设计进行深化与优化。经过钢结构深化设计,不仅可以优化结构性能,降低结构用钢量、节约成本,还可以使构件加工和安装顺利进行,做好土建钢筋预留洞、机电设备留洞、幕墙连接件等前期工作。

钢结构深化设计烦琐且细致,而且对于一些空间结构,传统的二维设计方式已不能够满足要求。BIM 技术的应用,尤其是三维模型很好地解决了构件的空间布置设计。钢结构需要在建模后进行深化设计,在建模的过程中,利用参数化建模,能更方便地定义各个构件的属性、尺寸。对于节点设计,还可以利用软件的节点库设置连接方式和参数,能快速、自动建立节点板、螺栓,节省大量建模时间。

目前,常用于钢结构深化设计的 BIM 软件有 Tekla Structure、3D3S。类似的软件还有美国 Dedign Data 公司开发的 SDS/2,它是一款钢结构详图软件,有 3D 建模、详图图纸的生成、精确的材料统计等功能。软件内置连接节点库,能够自动生成节点,通过参数化方法来创建生成指定荷载下的构件连接详图。

巴西的玛瑙斯亚马逊竞技场,由德国 GMP 建筑事务所设计,是一个环状钢结构场馆,顶棚面积 23 000 m²。由角钢、工字钢和钢板构成的主次结构使用 7 000 t 钢材,高度达到 31 m（图 3.20）。球场被钢结构包围,而钢材裹有半透明的白色聚四氟乙烯膜。项目选择 Tekla Structure 进行钢结构深化设计。如何加工扭曲拱梁是设计人员需要解决的一个难题,这需要精确的坐标控制。设计人员首先对亚马逊竞技场进行三维建模,提取二维图纸和计算机数控信息及材料清单,创建专门的文件来控制横梁在制造、预组装和最终组装各阶段中的几何坐标,包括恒载、部分荷载和最终荷载。Tekla Structure 的应用最终使得施工方提高30%的生产效率,并节省大量时间和建筑材料,在限定的时间内完成了施工建筑,获益良多。

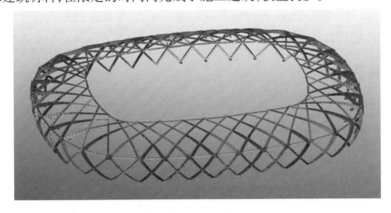

图3.20　亚马逊竞技场钢结构模型

3) 幕墙深化设计

幕墙深化设计主要是对建筑幕墙进行细节补充和优化设计,如幕墙收口部位的设计、预埋件的设计、材料用量优化、局部不安全及不合理做法的优化等。国内幕墙深化设计都由幕墙施工单位完成,一般作为最后一道设计工作,以现场施工后的尺寸为依据,对原施工图进行必要的修改,否则会造成经济损失,甚至影响工程进度。而幕墙的设计滞后同样会导致幕墙系统安全性降低,设计、施工一体化阻碍了幕墙产品的创新。而幕墙设计与建筑设计的脱离,受限于二维设计,设计人员往往不容易把握建筑整体,结果与建筑师设计意图有较大的出入,导致一边施工、一边修改设计方案。

BIM 技术的应用能为幕墙深化设计提供合理、高效的解决方案。然而,目前 BIM 在我国幕墙工程的应用仅为起步阶段,用于幕墙深化设计的专业 BIM 软件屈指可数。随着幕墙工程规模越来越大,幕墙形体越来越复杂,设计难度越来越大,附在建筑幕墙上的信息量也越来越大,因此幕墙行业呼吁应尽快推行 BIM 技术应用于幕墙设计。

目前,尚无十分成熟的专门应用于幕墙设计的软件,常用的幕墙深化设计软件,具有代表性的有以下几种。

通过 Revit、Caita、SketchUp 等基础建模软件进行三维设计,可以直观地显示主体结构与幕墙的三维模型,及时调整设计的构思与技术之间的配合程度,便于对细部进行设计和优化。然而,这些软件并不具备幕墙设计中所需的一些功能,如能任意选取建筑和幕墙的构件并获取其参数、判断建筑与幕墙的关系、单独导出幕墙明细表等。我国已经有改善的案例,通过对 Revit 的二次开发插件以满足功能需求。

国外的软件有 SAP2000、ANSYS 等,是基于先进的大型通用有限元分析软件对幕墙进行结构受力计算、热工分析、细部构造受力及传热计算。但软件的价格较高,操作难度较大,要求使用者知识水平较高。

相对国外软件,国内软件操作较为简单,但是功能比较单一。内江百科的幕墙设计软件是对 AutoCAD 的二次开发,基于“建筑金属结构企业计算机辅助设计和生产管理集成系统(简称 BKCADPM 集成系统)”,拥有一系列幕墙设计、分析、管理软件。软件可以计算幕墙强度,生成产品全套图纸,自动计算幕墙所需材料、优化下料,还可以进行热工计算、节能设计。

汇宝幕墙计算软件能对玻璃、金属、石材等幕墙在设计中遇到的问题进行计算,包括截面面积、热工、隔声、埋件系统等。3D3S 软件可以进行框式幕墙、全玻幕墙和点支式幕墙的设计和验算,直接生成 Word 文档计算书,套用 JGJ 幕墙结构技术规程和 CECS 点支式幕墙技术规程。

4）模型碰撞检查

模型碰撞检查,属于综合性的深化设计,是一个多专业协同检查的过程,将不同专业的模型集合在同一平台,进行专业之间的碰撞检测并协调。建筑构件的碰撞主要表现在机电与其他各个专业之间,还包括机电与结构的预留预埋、机电与幕墙、机电与钢筋之间。在深化设计阶段进行项目的模型碰撞检查,能在项目实施前预先将各专业间的冲突解决,以免事后造成返工,浪费大量的时间、人力、物力,大幅提高工作效率。

碰撞检查软件不仅可以判断实体之间的碰撞(也称为"硬碰撞"),还可以判断模型是否符合规范、施工要求(也称为"软碰撞")。应用于模型碰撞检查的 BIM 软件,仍是基于三维模型的可视性,可直观观察模型,发现错误。软件还必须具有广泛支持三维数据交换格式的功能,支持从其他软件的三维模型导入。模型碰撞检查软件需要将多个专业的模型集成到一个平台,因此软件还应具有高效的模型浏览效率。此外,还需要有与设计软件交互的能力,碰撞检查的结果能反馈到设计软件中,并能快速定位需要修改的部位。

（1）Navisworks

Autodesk Navisworks 由美国的 Autodesk 公司开发,是一款项目审阅软件,能够整合项目相关的三维设计模型;通过 BIM 技术的可视化和仿真性,可以分析多种格式的三维设计模型。它支持常见的建模软件,如 Revit、Bentley、AchiCAD、MagiCAD 等。软件可以将多个软件的几何图形和信息进行整合,将其作为项目整体,多格式文件进行审阅,从而优化设计决策、建筑实施、性能预测和规划、设施管理和运营等各个环节。

Navisworks 系列有多款软件,其中 Navisworks Manage 可用于模型碰撞检查。软件内置专用碰撞检测工具,支持识别、管理和解决碰撞问题。软件还可以跟踪发现的碰撞状态并着手解决;对碰撞结果分组,将多个碰撞结果作为一个问题进行处理;可导出包含碰撞检测结果的报告(包括注释和屏幕截图),以便与项目团队沟通问题。Autodesk Navisworks 操作界面如图 3.21 所示。

（2）Solibri Moldel Checker

Solibri Moldel Checker 由芬兰的 Solibri 公司开发,是一款 BIM 模型分析和检查软件。它支持绝大部分主流 BIM 软件,支持 IFC 文件。它具有先进的模型检测和管理功能,能够根据碰撞的严重程度自动分析并分组,轻松、快速找到相关问题。软件还有易于使用的可视化、直观的步行功能,可以利用软件自带的逻辑推理规则对模型进行缺陷检测,为模型寻找缺失的组件和材料。软件还继承了各种建筑规范,也可以检测"软碰撞",帮助检查一个 BIM 文件是否符合一系列规范,并将其标示出来。

（3）Tekla BIMsignt

Tekla BIMsignt 由美国的 Trimble 公司开发,是一款免费的建设项目协作的专业工具。整个建设工作流都可以将它们的模型整合起来,检查碰撞并利用相同的操作简便的 BIM 环境来分享信息。Tekla BIMsignt 可以让项目参与者在施工前的设计阶段就识别并解决问题,避免时间、

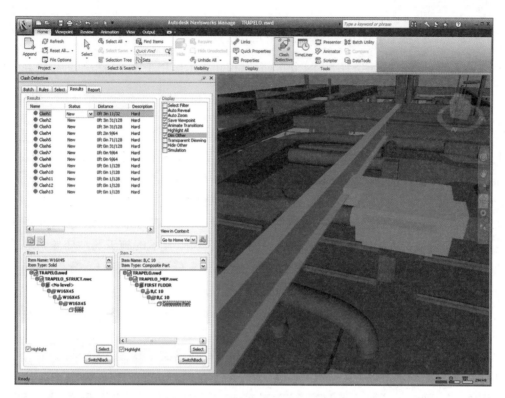

图 3.21 Navisworks Manage 操作界面

财力、人力的浪费。

类似的软件还有 Bentley Navigator、广联达 BIM 审图软件等。这些软件都支持 IFC 标准,能够与常用的设计建模软件互通数据。目前,多数机电深化软件也包含了碰撞检查模块,如 MagiCAD、Revit MEP、鲁班等。

福建省某商业建筑总建筑面积约 60 万 m²,商业综合体筑面积约 8 万 m²,建筑形式地上为 6 层、地下 2 层。在深化设计阶段,采用 Navisworks 来进行土建专业与设备专业模型的碰撞检查,完成管线综合设计。例如,在结构与给排水碰撞检测出有 2 000 多个碰撞疑点等。分析碰撞疑点原因很多,传统二维设计对于标高制图不十分精确,而三维设计要求尺寸精确。以结构模型作参照物与设备连接碰撞设置相对合理些,便于缩小碰撞检测范围,更易于快速定位检测点。模型碰撞检查如图 3.22 所示。

(a)消防与结构碰撞　　(b)给水和结构碰撞　　(c)通气管和结构梁　　(d)给水和结构碰撞

图 3.22 模型碰撞检查

3.4.3　施工阶段的 BIM 工具软件应用

施工阶段是将设计图纸变为工程实物的过程,BIM 技术应用于施工阶段是近年来新兴的领域。本节主要介绍施工场地规划、施工模拟和施工管理。

1）施工场地规划

施工场地布置是在工程红线内,通过合理划分施工区域,使各项施工的互相干扰减少,场地紧凑合理,运输方便,并能满足安全防护、防盗的要求。施工场地布置是项目施工的前提,合理的布置方案才能从源头减少安全隐患,使得后续施工顺利进行。

传统的施工布置图是依靠经验和推测对施工场地各项设施进行布置,以二维图纸的形式传递信息,不能清楚地展现施工过程中的现场状况。基于 BIM 技术的施工场地布置是利用软件提供的可编辑参数的构件库,如道路、场地、料场、施工机械等,进行快速建模、分析及用料统计。

（1）广联达 BIM 施工现场布置软件 GCB

该软件是建设项目全过程临建规划设计的三维软件,可以通过绘制或导入 CAD 电子图纸、3Dmax、GCL 文件快速建立模型,快速生成直观、美观的三维模型文件。软件内嵌施工现场的常用构件,如板房、料场、塔吊、施工电梯等,创建方式简单,建模效率高,还内嵌消防、安全文明施工、绿色施工、环卫标准等规范,并能按照规范进行场地布置的合理性检查(图 3.23)。

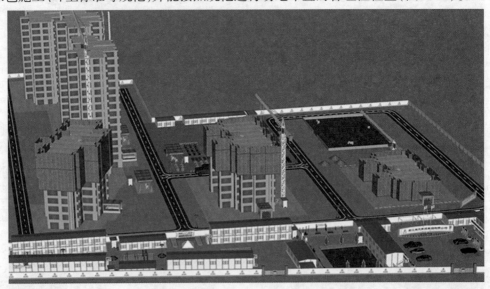

图 3.23　广联达 BIM 施工现场布置软件 GCB 施工现场三维综合场布

（2）PKPM 三维施工现场平面设计软件

该软件支持二维图纸识别建模,兼容多种软件的文件格式,包括 DWG 文件、3DS 文件,可与 PKPM 软件系列等全面实现无缝对接。软件内置施工现场常用的构件库和图库,可快速建模,并即时将设计结果渲染成精美、逼真的三维真实感效果图;可在二维施工图上着色、贴图,用于制作各种平面、立面的彩色效果图。

（3）鲁班施工 Luban Onsite（Luban OS）

鲁班施工软件可用于施工现场虚拟排布，实现参数化构件及逼真的贴图设置，可以建立逼真的三维施工总平面图模型；支持导入鲁班算量软件 LBIM 模型，进行各项措施方案的三维模拟、具体做法、施工排列图及措施工程量计算。此外，通过引入时间轴，软件还可以实现动态模拟施工全过程。

2）施工模拟

据统计，全球建筑业的生产效率普遍低下，其中 30% 的施工过程需要返工，60% 的劳动力被浪费，10% 来自材料的浪费。BIM 模型包含材料、场地、机械设备、人员甚至天气情况等诸多信息，将其应用于施工阶段使得生产效率低的情况有一定改善。施工模拟是在工程开始施工前，通过 BIM 模型对项目的施工方案进行模拟、分析与优化，从而发现施工中可能出现的问题，在实施之前采取预防、修正措施，避免施工隐患，提高工作效率，节省不必要的花费，最后得到最佳的施工方案。BIM 技术的三维可视化操作可供施工人员更形象地交流、理解项目内容和操作要点。

施工模拟是一门施工建造领域的新技术，它不仅利用模型的三维数据，还可以根据需要增加考虑其他因素作为维度，如时间、材料、人力等，扩展形成"多维"。目前，常用的施工模拟软件有：三维建模技术（3D BIM），属于静态信息，模型包含项目自身的相关信息；四维技术（4D BIM），在三维模型的基础上引入时间因素，形成施工进度模拟展示；五维技术（5D BIM），在三维模型的基础上引入时间进度信息和成本造价信息。

（1）Synchro 4D 施工模拟软件

Synchro 4D 施工模拟软件由英国的 Synchro Software 公司开发，具有更加成熟的施工进度计划管理功能。它可以为整个项目的各参与方（包括业主、建筑师、结构师、承包商、分包商、材料供应商等）提供实时共享的工程数据。工程人员可以利用 Synchro 4D 软件进行施工过程可视化模拟、施工进度计划安排、高级风险管理、设计变更同步、供应链管理以及造价管理。

Synchro 4D 施工模拟软件包含 5 个系统：Professional、Scheduler、Open Viewer、Databse Module、Cloud。其中，Synchro Professional 是一个计划关联系统，将 BIM 模型与 CPM 计划任务相关联，允许用户进行施工模拟、播放施工动画和发布视频。项目团队可以通过进度模拟后协作探索方法，得到解决方案并优化结果。软件支持 Bentley、Autodesk、CATIA、Solidworks、Intergraph、AVEVA and SketchUp 等公司超过 35 种类型的 3D CAD 设计文件和 IFC 文件。

（2）Bentley ConstructSim

ConstructSim 由美国的 Bentley 公司开发，是一款用于细化和自动化大型项目施工计划的 4D 虚拟施工模拟系统。软件为施工管理提供模型的可视性，从而提高工作效率，缩短项目周期，避免返工等造成的损失，同时降低风险并确保人员安全；具有施工场地规划功能，含有丰富的构件库，可以快速建模。此外，它还能解决施工问题，如物料的齐备性、完工成本、信息管理、移交系统安全管理和现场工作人员的效率；能利用最新的项目信息、施工进度、材料状态自定义并发布工程、建设和安装工作包。

（3）iTWO

应用标准界面进入第三方应用软件，实践并优化传统施工流程，将传统施工规划和先进5D规划理念融为一体的建筑管理解决方案，有效整合计算机辅助设计软件（CAD）与企业资源管理系统（ERP）的信息及其应用。软件的CPI（建筑流程整合）技术集合几何与数字。通过该技术，规划者即可获知机械设备规格信息，而施工者则可获知建筑材料和设备资料信息。同时，可根据时间进程和流程分布，将模型数据添加在系统中。

通过三维模型，RIB iTWO建筑管理解决方案可根据设计抽取数据，提高估价操作和基准值审定的准确性，同时也可在设计变更情况下及时导入工程选项值，以备施工操作。软件可在设计规划时跟踪工程量，并进行实时传输，以加强对运营的管控和绩效管理。通过冲突侦查，可在施工进行前发出设计错误消息。运营方可在项目施工前审定设计流程，提前发现错误，并进行更改。此外，软件还可在模型中清晰显示建筑流程变更及其引起的成本和期限变化。

（4）RBIM 5D项目管理平台

远泰科技RBIM 5D项目管理平台以三维BIM模型为中心，对施工现场的信息进行管理；通过模型转化工具实现设计模型与属性到轻量化模型的转换，在系统中实现三维的BIM信息管理与展示、项目文档管理与展示、工程量统计、电子施工日志填报、计划进度管理与预警等功能；可与现场视频监控、红外探水、围岩监控等系统集成，实现工程施工信息数字化、可视化管理。

该软件的优势在于：可与建模软件紧密结合，实现BIM属性管理并导入系统应用；以三维为中心的可视化施工管理，让工程管理更直观和智能；以高精度的轻量化模型为核心，解决模型应用的效率和精度问题，直接与项目管理软件对接，减少施工计划的重复编辑和处理，符合工程行业施工现场管理的应用习惯，易学易用。

此外，该软件支持符合国际标准IFC、主流的BIM软件创建的模型（包括Revit、Bentley、Dassault、Tekla等），以及模型属性数据的无损转换导入，作为第三方独立支持个性化的应用功能模块订制开发以及可持续的扩展能力。

其他常用的类似软件还有VICO Office Suite和广联达BIM 5D。

广州东塔，也称为周大福中心，是我国应用BIM 5D的成功案例。项目位于广州CBD珠江新城核心区中轴线上，占地2.6万 m^2，建筑总高度530 m，共117层，建筑总面积50.7万 m^2。其中，裙楼地上9层，高49.35 m，建筑面积约4.5万 m^2；地下室共5层，深28.7 m，建筑面积约10.3万 m^2。项目应用广联达BIM 5D软件，从项目全生命周期角度出发，确立广州东塔项目的应用策略。利用集成的BIM模型信息和现场管理业务数据，实现三维可视化、协同的施工现场精细化管理。广州东塔应用BIM 5D施工分析如图3.24所示。

在项目的BIM 5D应用中，软件可以实时展示实体施工进度。这样可以每天查看现场各工作面的实体和配套工作进展，并提醒项目存在的问题；便于回顾整个项目周期任意时刻的工作情况；对项目进度计划编制、优化以及项目进度计划跟踪提供可靠的数据。软件还可以通过三维模型与进度、图纸、清单、合同条款的自动关联，实现信息数据与模型的共享，快速获取实体进度信息。在成本控制方面,BIM 5D 可实时查询合同执行计划,自动完成分包签证、报量和结算审核,支持合同风险条款查询。在成本管理页面可以从收入、预算成本、实际成本 3 方面进行三算对比,生成《成本分析报告》,大幅提升工程效率(图 3.25)。

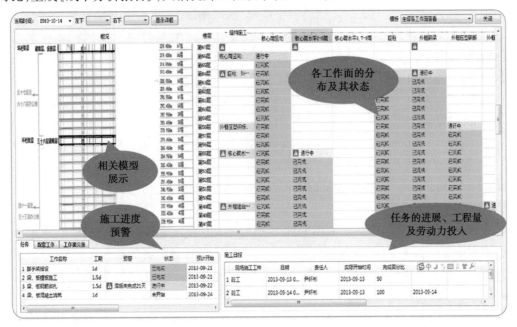

图 3.24 广州东塔应用 BIM 5D 施工进度分析

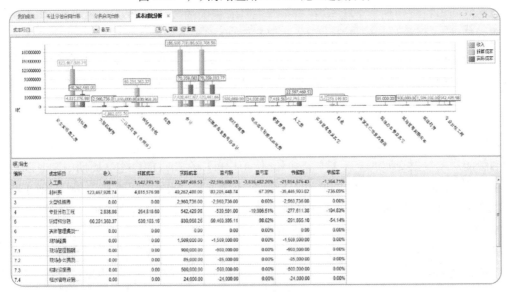

图 3.25 广州东塔应用 BIM 5D 施工成本管理三算对比

3)协同设计与管理平台

任何工程项目,都会有许多部门和单位在不同的阶段,以不同的参与程度参与,包括业主、设计单位、施工承包单位、监理公司、供应商等。目前,各参与方在项目进行过程中往往采用传统的点对点沟通方式,不仅会增大开销,提高成本,而且也无法保证沟通信息内容的及时性和准确性。

"协同化"是 BIM 技术的核心元素之一,是指项目组中不同专业在一个统一的平台下,协同完成一项共同的任务。这个平台,一般基于网络及数据库技术,将模型数据存储于统一的数据库中,支持向不同软件、不同设备的数据输出。此类 BIM 平台软件具有协同设计和管理的功能,能够支持多种格式类型的文件;支持项目工程的模型文件管理,包括文件的上传、下载、设置用户权限等;能检测模型数据的更新,进行版本管理,并对更新部分作出标示;支持模型的远程网络访问等功能。

（1）ProjectWise

ProjectWise 由美国的 Bentley 公司开发,提供一个流程化、标准化的项目生命周期管理系统,并为工程项目内容的管理提供一个集成的协同环境,可以精确有效地管理各种 A/E/C（Architecture/Engineer/Construction）文件内容,并通过良好的安全访问机制,使项目各个参与方在一个统一的平台上协同工作。

首先,ProjectWise 是一个协同工作平台。它改变了传统分散式的交流模式,利用统一的工作平台实现信息的集中存储与访问,从而缩短项目的周期,增强信息的准确性和及时性,提高各参与方协同工作的效率。它既提供标准的客户端/服务器（C/S）访问方式,满足使用专业软件（CAD/GIS 等）用户的需求,也提供浏览器/服务器（B/S）的访问方式。

其次,ProjectWise 还主要用于项目管理。它可以根据不同的业务规范,定义自己的工作流程和流程中的各个状态,并赋予用户在各个状态的访问权限。当使用工作流程时,文件可以在各个状态之间串行流动到某个状态,在这个状态具有权限的人员就可以访问文件内容。通过工作流程的管理,可以更加规范设计工作流程,保证各状态人员的安全访问。

此外,软件还可以提供统一的工作空间的设置。用户可以使用规范的设计标准,同时文档编码的设置能使所有文档按照标准的命名规则来管理,方便项目信息的查询和浏览。软件还可以记录设计过程,形成设计日志。

（2）BIM 360 系列

BIM 360 系列由美国的 Autodesk 公司开发,包含一系列基于云的服务。该云服务支持模型协调和智能对象数据交换的全新多学科协作,使用户可以在项目的全生命周期中随时随地访问 BIM 项目信息。BIM 360 系列便于地理上分散的团队开展合作,以探索概念设计、创建和评审建议以及进行可行性评估;还可以与包括欧特克建筑设计套件和欧特克基础设施设计套件在内的 BIM 设计、施工及运营解决方案配合使用。

BIM 360 系列包括 6 个软件（图 3.26）。

①BIM 360 Team:为项目成员提供一个中心平台,可以在任何地方通过网络浏览器或移动设备来交流、查看、标示和审查 2D 或 3D 项目文件。

②BIM 360 Docs:提供一个完整、连贯的方案以管理所有二维平面、三维模型和其他项目文件,以免因使用错误版本的文件而导致成本超支、延误和返工。

③BIM 360 Glue:借助基于云的 BIM 协调,项目团队几乎可以随时随地访问联系在一起的项目信息,更快地完成多领域协作和协调审查周期,同时提高施工布局任务的效率。

④BIM 360 Field:适用于二维和三维环境的现场管理软件,让现场人员获得关键信息,帮助

改善各种施工和基建项目的质量、安全性以及调试状况。专业人员在施工现场运用移动设备查看图纸,并可以在调试、运营、维护阶段对 BIM 数据进行实时更新。

⑤BIM 360 Layout:专业分包商能将协调一致的模型连接到现场布局流程,有助于提高施工现场的生产率,同时增加已定桩或安装的建筑组件的准确性。

⑥BIM 360 Plan:可以制订更可靠的项目工作计划,可通过 Web 或移动设备审查和协作,减少因生产过剩、库存积压和任务返工而产生的浪费,实现精益施工。

BIM 360 系列软件使用阶段如图 3.26 所示。

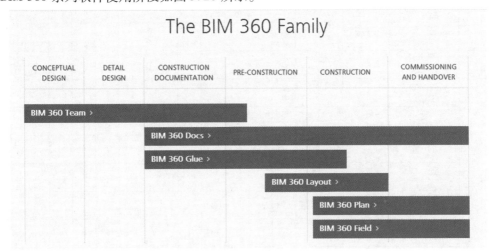

图 3.26　BIM 360 系列软件使用阶段

(3)广联云

广联云是国内首款面向建设行业的云计算数据管理和多专业协作平台,为行业用户提供统一门户、多专业协作(如工作空间、文档、任务、动态、移动门户等)、用户管理中心(如用户管理、账户管理、授权管理等)以及应用管理中心(如应用商城、ISV 后台等)。软件以聚合模型、成本、进度、质量、安全等多维信息的 BIM 模型服务为核心,通过一系列"云化"的 Web、桌面和移动应用,为工程项目提供构件级别的项目全过程管理和协同支撑。软件还能够自动版本管理,随时随地追溯文档的历史信息;通过多份存储、文档加密、SSL 安全传输等多种机制,确保用户数据的安全。

(4)理正 BIM 协作平台

理正 BIM 协作平台能在不改变设计人员设计习惯的情况下,将 CAD、Revit 数据自动存储到该平台数据库,并对数据进行有效的管理,实现各设计阶段数据的统一管理,同时可以为设计人员提供碰撞检查、构建属性查询、设计文件查询、多专业 BIM 数据 3D 查看等增值性服务。同时,该平台还可以为施工与运维阶段深层的数据应用提供有力的平台支撑。

3.5　常用 BIM 软件

BIM 软件在近年发展迅速,大多数情况,一款 BIM 软件也不仅仅只针对某一用途或某一专业,它是多方面集成而来的软件。近年来,我国常用的 BIM 软件如表 3.3 所示。

表 3.3　我国常用的 BIM 软件汇总表

软件名称	开发商(国家)	主要支持格式	适用专业				适用阶段												
			建筑	结构	机电	土木	场地分析	投资估算	建模	方案论证	结构分析	机电分析	能源分析	工程造价	深化设计	场地规划	施工模拟	协同设计	管理
3DS	上海同磊土木工程技术公司(中国)	IFC,DWG,DXF		●					√		√				√				
Affinity	Trelligence(美国)	IFC,gbXML,RVT,DWG	●				√		√	√									
Allplan	Nemetschek(德国)	IFC,RVT,DWG	●					√	√										
ANSYS	ANSYS(美国)	IGES		●					√		√		√		√				
Apache HVAC	IES(英国)	gbXML,RVT,dxf,SKP			●							√	√		√				
ArchiCAD	Graphsoft(匈牙利)	IFC,PLN,DWG,SKP	●		●				√				√				√		√
AutoCAD Civil 3D	Autodesk(美国)	DWG,3ds,Landxml	●			●	√		√							√	√		√
Bentley Architeture	Bentley(美国)	IFC,DGN,DWG,SKP	●						√							√			
Bentley Building Mechanical/Electrical Systems		IFC,DGN,DWG,SKP			●							√							
Bentley ConstructSim		IFC,DGN,DWG,SKP	●			●			√								√		√
Bentley Navigator		DGN,DWG,SKP	●		●	●									√		√		√
Bentley Projectwise		DGN,DWG,SKP	●	●	●	●												√	
Bentley Structural		IFC,DGN,DWG,SKP		●	●				√		√								
BIM 360 系列	Autodesk(美国)	IFC,CIS/2,RVT,DWG	●	●	●	●			√		√						√		√

软件	公司（国家）	格式												
CATIA	Dassault Systemes（法国）	IFC,DGN,DWG,SKP					√	√					•	
DESTINI Profiler	BeckTechnology（美国）	IFC,DWG,DXF				√		√	√		√		•	
Digital Project	Gehry Technologies（美国）	IFC,CIS/2,DWG,DGN		√	√		√	√	√			•		
Ecotect Analysis	Autodesk（美国）	gbXML,dxf,3ds				√		√			√	•		
ETABS	CSI（美国）	IFC,DXF,XLS					√	√					•	
Green Building Studio	Autodesk（美国）	gbXML,dxf,3ds,RVT			√			√					•	
Innovaya Suite	Innovaya（美国）	IFC,INV,DWG,SKP	√		√				√			•		
iTWO	RIB Software（德国）	RPD	√						√	√		•		
Lumion	Act-3D（荷兰）	SKP,FBX,MAX,3DS,OBJ						√						•
MagiCAD	Progman（芬兰）	gbXML,DXF,3DS,RVT		√	√	√	√	√						•
MicroStation	Bentley（美国）	IFC,DGN,DWG,SKP		√	√	√	√	√	√	√		•		
Navisworks	Autodesk（美国）	IFC,NWD,DWG,DGN,3DS	√	√	√	√	√	√	√	√		•		
ONUMA System	ONUMA（美国）	IFC,OGC,RVT,DNG	√	√	√	√	√	√				•		

续表

软件名称	开发商（国家）	主要支持格式	适用专业				适用阶段												
							前期策划			设 计					施 工				
			建筑	结构	机电	土木	场地分析	阶段规划	投资估算	建模	方案论证	结构分析	机电分析	能源分析	工程造价	深化设计	场地规划	施工模拟	协同设计管理
PKPM 设计系列	中国建筑科学研究院（中国）	DWG,BMP,JPG	●	●	●					√	√	√	√	√					
PKPM 三维施工现场平面设计软件	建研科技股份有限公司（中国）	DWG,3DS	●	●	●	●											√		
RBIM 5D 项目管理平台	远泰科技（中国）	IFC,RVT,DWG,DNG	●	●	●	●													√
Revit	Autodesk（美国）	IFC,RVT,DWG,SKP	●	●	●	●	√			√	√	√	√	√		√		√	
Robot Structure Analysis Professional	Autodesk（美国）	IFC,DXF,XLS		●						√	√	√							
SAP2000	CSI（美国）	IFC,DXF,XLS		●						√	√	√				√			
SDS/2	Design Data（美国）	IFC,DXF,XLS		●						√	√	√				√			
SketchUp Pro	Trimble（美国）	IFC,SKP,DWG,3DS	●							√									
Solibri Moldel Checker	Solibri（芬兰）	IFC,PLN,DWG	●							√						√			
Synchro 4D 施工模拟软件	Synchro Software（英国）	IFC,DGN,DWG,SKP			●					√					√			√	√
Takla Structure (Xsteel)	Trimble（美国）	IFC,CIS/2,DWG,DGN		●						√	√					√		√	
Tekla BIMsignt	Trimble（美国）	IFC,CIS/3,DWG,DGN		●						√						√		√	

软件名称	公司（国家）	数据交换格式															
VectorWorks	Nemetschek（德国）	IFC,DGN,DWG,SKP	●						√			√						
VICO Office Suite	vicosoftware（美国）	IFC,DGN,DWG,SKP	●						√	√		√	√		√	√	√	
广联达 BIM5D				●											√	√	√	√
广联达 BIM 施工现场布置软件 GCB	广联达软件股份有限公司（中国）	DWG,RVT,DXF,XLS		●									√					
广联达 BIM 算量计价系列			●	●	●				√									√
广联云		DWG,RVT,NWD,PDF	●	●	●				√	√	√	√	√					√
鸿业 BIM 系列	鸿业软件（中国）	DWG,RVT,PDF	●	●				√	√	√	√	√				√		
汇宝幕墙计算软件	汇宝（中国）	DWG,DXF,XLS	●					√	√	√		√						
理正系列	北京理正（中国）	RVT,DWG,DXF,XLS	●	●			√	√	√									
理正 BIM 协作平台			●	●			√	√		√			√			√		
鲁班施工 Luban Onsite（Luban OS）	鲁班软件（中国）	DWG,DXF,XLS	●						√		√			√				
鲁班算量系列			●			√		√	√						√			
神机妙算	上海神机（中国）	DWG,DXF,XLS	●			√			√	√	√	√		√				
斯维尔 BIM 算量	深圳斯维尔（中国）	IFC,DWG,SKP		●			√		√									
斯维尔节能系列						√			√									
幕墙设计系列	内江百科（中国）	DWG,DXF,XLS	●		●				√	√		√		√				

BIM 不是某一种软件，而是一种协同工作的方式，需要不同专业的不同软件来配合完成项目。近年来，BIM 因其高效性在我国乃至世界备受重视。2011 年，住房和城乡建设部印发《2011—2015 年建筑业信息化发展纲要》。针对专项信息技术应用，要求加快推广 BIM、协同设计、移动通信、无线射频、虚拟现实、4D 项目管理等技术在勘察设计、施工和工程项目管理中的应用，改进传统的生产与管理模式，提升企业的生产效率和管理水平。目前，我国的 BIM 技术尚属于起步阶段，起点较低，但发展速度较快。国内的大型建筑企业都有强烈意愿应用 BIM 技术来提升生产效率，我国 BIM 技术发展潜力还很大。设计企业 BIM 软件主要涉及方案设计、扩初建模、能耗分析、施工图生成和协同设计等方面。而施工企业对于 BIM 软件的应用主要涉及模型检查、模拟施工方案、三维模型渲染、VR 宣传显示等方面。

然而，BIM 技术在建筑行业的应用还是存在一些问题，如缺乏复合型 BIM 人才、BIM 应用模式及深度还不够、BIM 数据标准缺乏、BIM 应用软件相对匮乏等。BIM 建模软件有很多类型，但大多是用于设计和施工阶段的建模，在各专业间的深化设计、施工管理、协同建造、进度分析、成本管控等方面的应用相对匮乏。大多数 BIM 软件仅仅能够满足单项应用，集成化的 BIM 应用往往不能满足，与项目管理系统进行集成管理的软件更是匮乏。我国应用较广的 BIM 软件以国外为主，类型较多，功能强大，但在软件本土化上尚存欠缺；国内的 BIM 软件优势在于了解本地规范要求，适应本地项目工程要求，但在数据交换、二次开发上存在亟待解决的问题。如何将国外先进的软件技术与我国建筑行业发展的特色相结合，是国内 BIM 软件企业需要研究的课题。

【思考练习】

1. BIM 应用软件大致可以分为哪三类？请简述各自的用途。
2. 对照图 3.2，请简述 BIM 应用软件在建筑全生命周期的应用。
3. 基于 BIM 技术，BIM 基础建模软件的特征是什么？
4. 从企业的角度来考虑，应如何选择 BIM 软件？
5. 基于 BIM 技术的模型碰撞检查软件的特征是什么？

第4章 BIM技术在项目各环节的应用

4.1 BIM技术在建筑设计阶段的应用

BIM技术进入建筑设计领域,将改变传统的设计流程,这主要体现在设计工作量的转移。根据AIA关于设计阶段的费用分布调查显示,15%用于初步设计阶段,30%用于扩初设计阶段,55%用于施工图设计阶段。调查结果表明,在传统的设计流程中,施工图设计阶段的比重最大,工作量最大。

图4.1所示为由HOK公司的PatrickMacLeamy在2007年绘制的著名的MacLeamy曲线。该曲线图展示了传统设计流程与BIM应用流程设计工作的决策价值、变更成本等因素在建设项目各阶段的变化情况。图4.1中横轴为时间轴,分为PD(Pre-design,概念设计阶段)、SD(Schematic Design,初步设计阶段)、DD(Design Development,深化设计阶段)、CD(Construction Detailing,施工图设计阶段)、PR(Procurement,采购施工准备阶段)、CA(Construction Administration,施工管理阶段)、OP(Operation,运营维护阶段)7个阶段,纵轴表示工作量或影响程度。

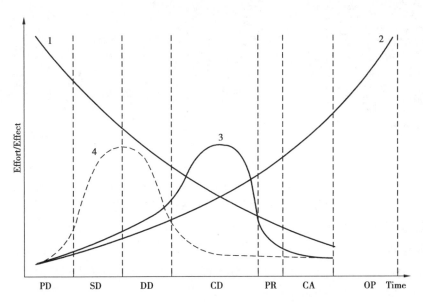

图4.1 建设项目各阶段的决策价值、变更成本的时间分布图

图4.1中,曲线1表示设计过程中设计决策对建筑成本的影响程度;曲线2表示设计过程中设计变更所需付出的代价;曲线3表示传统设计流程中设计工作量的时间分布情况;曲线4表示BIM应用流程中设计工作量的时间分布情况。

图4.1强调早期设计决策对一个建设项目功能、成本和收益的影响，这种影响随着设计工作的进行而逐渐减小；图4.1还表明随着设计工作的进行，设计变更带来的成本会逐步增加。传统设计中，工作量从项目开始逐步增加，在施工图设计阶段达到峰值，随后迅速减少。设计过程中使用BIM技术后改变了工作量的分布。从曲线4可以看出，引入BIM技术以后，主要的工作量集中在初步设计及深化设计阶段，而施工图设计阶段的工作量则明显减少。

4.1.1 概念设计

概念设计是由分析用户需求到生成概念产品的一系列有序、可组织、有目标的设计活动。它表现为一个由粗到精、由模糊到清晰、由抽象到具体的不断进化的过程。它需要思考项目的一切相关问题，包括成本估计、功能设置、建造方式、材料质感、人文文化、地域特征等。

在概念设计初期，设计团队需要整理分析项目任务书、拟建场地、气象条件、规划要求等一系列信息。BIM技术可以创建基地和周边环境的三维信息，模拟一年中各个时间太阳的运动轨迹及季风方向。这些三维信息便于设计师作出正确决定，避免错误发生。图4.2所示为黄登水电站-设计阶段布置图。

图4.2 黄登水电站-设计阶段布置图
图片来源:北京互联立方技术服务有限公司

针对复杂地形，还可以利用BIM技术结合GIS(地理信息系统)配合相关设备对设计场地条件进行判断、整理，找到设计的关键问题。

接下来，建筑师要进一步分析任务书中对面积、功能、模式、可行性等方面的分析，以便确定建筑设计基本架构。利用BIM技术可以创建平面布局、体量模型，这些模型信息便于设计师确定建筑方位、结构形式、内外空间品质。

在这个阶段，设计师需要快速生成概念方案，该任务主要由团队的主设计师完成。以往他们多采用徒手画草图的方式，但是随着技术的进步，逐渐开始使用辅助绘制工具，如SketchUp(草图大师)或Rhinoceros(犀牛)等软件。这类软件能够快速生成形体，方便团队针对项目空间布置与视觉感受进行讨论。同时，此类软件还可以在后续的扩充设计和施工图设计中，进行一定的数据传递，但其功能较为单一，很难解决诸如空间编程、协同、财务可行性方面的问题,需要第三方软件辅助。图4.3、图4.4分别是采用 SketchUp 和 Rhinoceros 设计的作品。

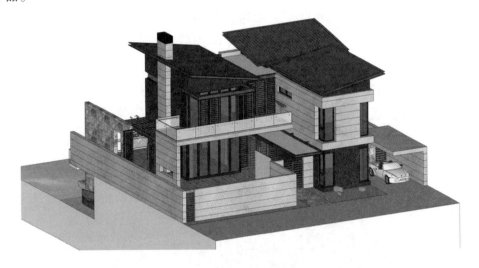

图 4.3 SketchUp 设计作品

图 4.4 Rhinoceros 设计作品

除上述概念阶段设计软件外,Revit Architecture 软件中的体量功能也为概念设计而生,Revit 软件同时还具备更好的协同性能和数据传递性,可以让概念设计图无缝过渡到施工图设计阶段。体量功能操作复杂程度和效率超过草图大师和犀牛软件,导致目前使用 Revit 在概念设计领域应用不是十分广泛,但随着软件的不断更新,相信这一情况将会得到改善。

Revit 的体量工具可以实现创建点、线、面、体。体量工具提供两种建模形式:内建体量、可载入概念体量族。Revit 不仅能够自建体量模型,还可以把草图大师或犀牛软件创建的三维模型导入进行分析。Revit 可以载入的格式包括 DWG、SKP、DXF、SAT、DGN。Revit 还具备表面有理化功能,它是指先将体量形状表面进行 UV 网格分割,接着把分割的表面用多边形、错缝、箭头、菱形、棋盘、Z 字形等各种图案填充,最后可以将自定义的填充图案嵌套到体量族中,从而创建特殊体量表面形状。同时，Revit 还能够将体量模型表面生成墙体或幕墙，体量内部分层生成楼板或屋面，这个功能是其他 BIM 软件不具备的。

设计师可以通过这些软件深入推敲方案，得到最佳结果。图 4.5 所示为体量模型。

图 4.5　体量模型

4.1.2　能耗分析

概念体量模型满足设计需求以后，就要对模型进行深入分析，内容包括面积、容积率、体形系数、建筑密度等技术指标以及日照条件、风环境等模拟分析指标。出现问题时可以及时调整，还可以有效控制设计方案的面积指标，避免模型精度不足导致的面积误差。目前，Revit 提供的数据接口支持 Ecotect、Green Building Studio 等分析工具。

Autodesk Ecotect Analysis 软件是一款功能全面，适用于从概念设计到详细设计环节的可持续设计及分析工具，具有应用广泛的仿真和分析功能，能提高现有建筑和新建筑设计的性能。该软件将在线能效、水耗及碳排放分析功能与桌面工具相集成，能可视化及仿真真实环境中的建筑性能。用户可以利用强大的三维表现功能进行交互式分析，模拟日照、阴影、发射和采光等因素对环境的影响。

在建筑项目中，朝向主要受到热辐射、日照、通风等气候因素影响，空间的舒适度与朝向也有一定关系。针对不同地域的气候因素，对朝向选择的结果存在差异，而且地区不同也导致对不同的气候因素的侧重不同，所以气候因素最优朝向不一致且会相互矛盾。可以通过 Ecotect 软件分析该城市气候因素的朝向特点，依照模拟结果得出建筑合理的朝向方位。

（1）采用 Ecotect 分析热辐射

不同的季节和朝向得到的太阳辐射都不相同。对于夏季炎热、东西向处于太阳照射的时间长的地区,应避免长时间照射,好的建筑朝向可以大幅减少太阳辐射从而降低制冷能耗;相反,冬季要获得更多太阳辐射而降低冬季的采暖能耗。图4.6所示为利用 Ecotect 软件,针对某市太阳辐射的朝向图。

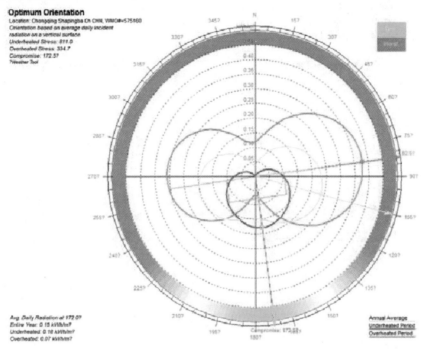

图4.6 辐射得热最优朝向分析图

(2)日照

影响建筑朝向选择的另一个重要气候因素是日照。充足的日照,既可以使室内获得良好的光照条件,也能净化室内的环境卫生,带给人身心健康。从某城市的日光轨迹图(图4.7)可看出,日照对建筑朝向的影响。

(3)通风

对多数南方等湿热地区来说,建筑的通风、散热、除湿至关重要,所以主导风向(特别是夏季主导风向)是影响这类地区建筑朝向的又一重要因素。通过 Ecotect 软件的 WeatherTool 插件可以生成夏季和秋季风频图,根据风频分布高低可以定义朝向优劣,便于设计师确定最佳朝向。

建筑朝向对气候因素(太阳辐射、日照、通风等)的需求各不相同,甚至相互矛盾。例如,最佳太阳辐射朝向角度与主导风向的角度就互相矛盾。这种情况在设计的过程中很常见,建筑设计具有综合性,而非仅仅只考虑单一因素变量。BIM 技术辅助被动式节能设计是给建筑师提供更为精确的定量分析,而不是完全主导设计,最终的方案选择仍需要建筑师作出决定。BIM 技术所做的就是尽可能全面精确地帮助建筑师在多种矛盾的交叉中作出最优的选择。

概念设计阶段对模型的细节要求不高,并且 BIM 技术平台的开放性为多方案、多方式的工作提供了便利。利用 BIM 技术模拟分析技术辅助建筑布局规划设计,相对于传统的依靠经验和简图来说,更具有优势,使设计过程更加直接,更具有针对性和准确性。

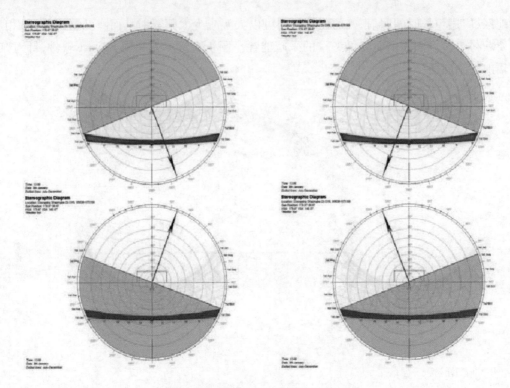

图 4.7　某城市日照与建筑朝向关系图

4.1.3　初步设计

确定基本设计信息以后,需要对概念模型进行深化。设计师需要考虑建筑设计方案如何反映当地的人文风情,如何与周围的环境协调与互动。这些问题的确定会影响项目成本、建筑利用率、建造的复杂程度、项目交付时间等,这对整个建设项目至关重要。

BIM 技术的 Revit 软件可从体量模型自动创建楼板、墙、幕墙、屋顶等基础建筑构件,快速、准确地完成平、立、剖面等设计。进而形成可以体现设计思想、较为完整的概念设计方案。这一阶段,建筑师通常会提供多个概念设计方案供业主比较、选择。BIM 技术的引入大大提高了建筑师和业主直接沟通的效率,让方案更直观。

在完成概念体量设计并确定基本的结构形式后,建筑师要根据项目任务书的要求进行平面设计,并对功能空间及建筑构件进行详细的组织。

一座建筑物的设计过程中,要考虑很多构件的需求,包括墙、楼板、门窗、管道等。BIM 技术设计的过程中可以将这些构件作为基本图元,逐步完善三维模型。

Revit 软件的平面视图与 CAD 的平面视图在视觉上基本一致,都是水平切割的剖面图,同时展现一个水平面上的所有空间。不同之处在于:

①组织平面布局的基本元素不同。传统的 CAD 中运用的是点、线等几何元素,而 Revit 软件中使用的是智能的建筑构件。

②Revit 除在图纸中体现几何信息外,还直观地体现非几何信息,这是传统 CAD 软件所欠缺的。

以某教学楼为例,传统的 CAD 图纸如图 4.8 所示。

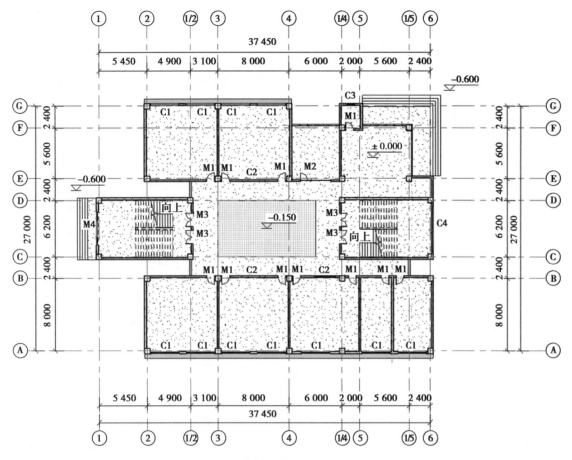

图4.8　某教学楼一层 CAD 平面图

但使用 Revit 进行设计时,除几何信息外,还直观地体现(如材质等)非几何信息,如图4.9 所示。

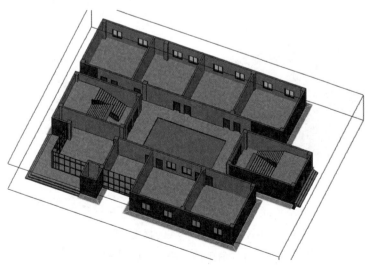

图4.9　某教学楼一层 Revit 模型

　　具体到某一个构件，以一面墙为例，在 Revit 软件中，一面墙不仅包含厚度、长度等几何信息，还包含墙体直观的材质和构造信息或其他物理信息。

　　Revit 软件中，材质由不同的资源构成。默认情况下材质将具备"图形"和"外观"两种资源。其中"图形"资源是所有材质必须具备的资源定义，用于控制采用该材质图元显示时的颜色、透明度以及立面视图中该图元的表面填充图案样式、被剖切时的截面填充图案样式等。图4.10 所示为采用图中所示材质定义创建的墙图元构造在着色模式下的表现。

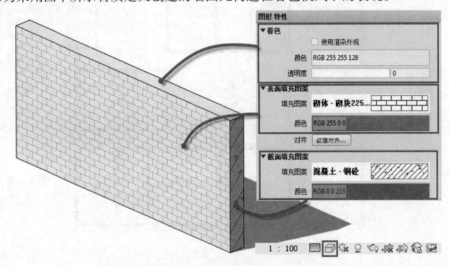

图 4.10　Revit 对墙体赋予材质种类信息

　　外观资源用于定义材质真实视觉样式及渲染时，采用该材质图元的显示方式，主要用于生成真实材质的外观。图 4.11 所示为该材质的外观定义在真实视觉样式下墙的显示方式。在该视觉样式下，"图形"特征中设置的颜色、表面填充图案、截面填充图案等均不再起作用。

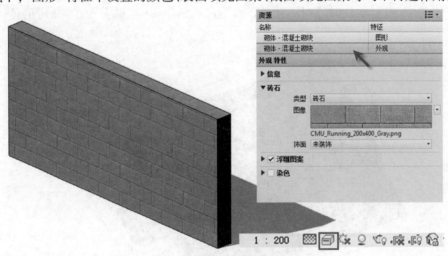

图 4.11　Revit 赋予墙体真实的材质效果

　　如图 4.11 所示，单击"资源"名称栏右侧添加资源按钮，可弹出材质资源列表，列出 Revit 所有可用的材质资源特性，如物理特性、热量特性（图 4.12）。其中，物理特性用于记录材质的弹性模量、密度、膨胀系数等物理属性的定义；热量用于记录材质的热传导率等内容。

图 4.12　Revit 可赋予构件物理属性

4.1.4　深化设计

完成平立剖面图设计以后，Revit 软件还可以完成详图设计任务。平面、立面、剖面等视图剖切或索引可以创建详图，如可以用剖面工具创建楼板详图、用详图索引工具创建墙体详图等。

所有图纸都和模型相关联，可以实现双向关联修改，能确保详图设计的精确性，并提高设计质量和效率。

Revit 软件提供的详图设计编辑工具是二维的，其操作逻辑是从三维模型中提取二维图纸。但是模型中提取的基本二维图纸不能满足当前施工图标准，因此需要运用详图设计工具和详图编辑工具对其进行进一步完善，才能得到符合出图标准的二维图纸。目前，完全可以使用 Revit 软件出建筑施工图。表 4.1 所示为详图设计编辑工具。

表 4.1　详图设计编辑工具

类型	工　具	用　途
详图设计工具	详图线	属于详图视图专用的图元，是详图设计过程中常用的二维设计工具。与模型线不同，详图线只能在详图视图中显示，模型线属于模型图元，可以在所有视图中显示
	图案填充	详图设计中的设计工具，其基本应用理念和操作方法是 CAD 软件中的图案填充工具的应用理念和操作方法
	遮罩区域	区别于隐藏/隔离功能，可以提供局部隐藏图元的功能
	详图构件	类似于 CAD 的详图图块，可以直接选择放置后复制、阵列等。详图构件是视图专属构件，只在创建的视图中显示。Revit 软件提供两种类型的详图构件：公制详图构件和基于线的详图构件
	截断符号	一种特殊的详图构件，在详图设计中需要大量使用
	重复详图构件	详图构件工具可以快速放置单个详图图元或随两点长度自动延伸详图图元。详图设计中，有时还需要在两点间沿直线方向自动阵列单个详图图元，且需要调节间距值，则可以使用重复详图构件工具进行创建
	隔热层	可以快速创建各种宽度和密度的隔热层构件
	详图组	用来提升详图设计的工作效率。创建详图组时，只能选择与模型图元没有关系的文字、符号、详图线、填充区域、遮罩区域、详图构件、重复详图构件、隔热层等视图专属详图图元

	详图显示顺序调整	用来调整重叠详图图元的前后显示位置
详图编辑工具	剖切面轮廓	可以用来编辑墙、楼板、屋顶、梁等模型图元的截面轮廓，以满足施工详图细节设计的要求。使用这一工具编辑并不会使模型图元发生任何变化
	隐藏线显示与删除	可以显示或隐藏后面图元的线，以满足特殊的显示要求
	线处理	可以编辑已有图元的边线；需要用虚线或其他线样式显示的图元边线用不可见线隐藏，某些棱边线立面视图中的外轮廓加粗显示等
	拆分面与填色	用以实现在某图元表面的局部范围内显示不同的材质
	图元替代	用以替换某些模型图元的显示样式，如家具等需要做成灰色半色调显示或显示虚线等样式
	保存视图	可将二维详图视图保存为外部的详图图库文件，以供将来在其他设计项目中重复使用

4.1.5　设计中的协同

在深化设计阶段，建筑师之间不仅需要分工协作，还需要和其他专业工程师共同完成设计方案的结构、设备等专业设计。在这个阶段，将会有大量的设计者投入到项目中，如何让团队内部高效地协同工作成为关键，也是这个阶段工作的主要模式。

Revit 软件提供了专门的"协作"工具：工作集和链接。

当一个复杂设计项目的设计工作进行到深化设计阶段后，由团队负责人启动软件协同设计功能，即工作集。工作集是人为划分图元的集合。在给定时间内，只有一个用户可以编辑每个工作集。所有团队成员都可查看其他小组成员所拥有的工作集，但不能对它们进行修改，可以从不属于自己的工作集借用图元，编辑完成后保存到中心文件时再还给原来的工作集，提升了项目效率，也实现了真正的协同设计。

工作集的协作流程为：

①团队负责人依照成员数量和项目复杂程度，将设计模型划分为若干个组成部分，各部分之间不能重叠。

②将相应的建筑构件分配到各部分中，并制定编辑权限，同时将该模型文件保存为设计中心文件。

③随后成员通过网络访问服务器的中心文件，通过"另存为"命令得到各自需要编辑的部分，在本地计算机进行深化设计。深化设计过程中，成员需要随时将自己的设计结果更新到设计中心文件中，保证其他成员可以及时看到其他部分的设计成果，从而使设计工作保持一致。

链接 Revit 模型的操作方法同 AutoCAD 的外部参照非常类似，最接近于传统模式。该方法适用于单体建筑或可以拆分为多个单体，且需要分别出图的建筑群项目，设计团队的建筑师各自完成一部分单体设计内容，并在总图（场地）文件中链接各自的 Revit 模型，实现阶段性协同设计(此方式和传统的 AutoCAD 外部参照协调设计模式相同)。

对特大型项目,也可以在"链接"中使用"工作集"功能。两种方式结合,实现更大规模的协同设计。

在 Revit 软件中将建筑设计、结构、MEP 专业联系在一起,3 个专业在同一平台下工作,整个工作流程为多专业同时进行,信息在不同的专业之间相互共享、连续。

(1)建筑设计与结构设计

结构设计专业使用"复制/监视"模式来监控、修改信息模型。建筑设计也可以使用碰撞检查工具,以检查建筑构件是否与结构构件存在碰撞冲突。这种协作模式,可以有效地解决建筑设计与结构设计之间的矛盾。

(2)建筑设计与 MEP 设计

MEP 设计专业依据建筑设计专业对基础模型层高和房间净高的设计,进行冷热区的划分和管线的布置。建筑设计专业可以链接 MEP 模型,检查与基础模型是否存在冲突。MEP 专业管线布局受到建筑空间造型与建筑结构的制约,通过多专业间的协同,管线综合的问题能在设计阶段较好地解决。

(3)结构设计和 MEP 设计

协同方法同上述,结构模型与 MEP 模型链接,检查结构构件和 MEP 管道之间的冲突和碰撞。

在这种团队协同模式之下,不同专业之间都能在设计过程中相互协调,相互沟通,形成一个有机的整体。

4.1.6　工程量统计

完成模型深化设计后,需要对完成的模型进行必要的分析。前述已经提到 Ecotect 软件进行了绿色节能分析和碳排放量统计分析。此外,BIM 技术还能对项目中工程量进行分析处理。工程量分析可以估算设计方案中各类材料的工程量,为方案成本对比提供数据支持。

Revit 软件有明细表工具,该工具可以按照对象类别统计并列表显示各类模型图元数量、材质数量、图纸列表、视图列表和注释块列表。对工程量分析,明细表工具主要用来统计材质信息和数量。

建立明细表是提取 BIM 模型关键步骤。基本方法是:

①通过建立明细表直接提取出各种建筑构件的基本几何信息,如面积等。

②按照建筑中各种构件的不同构造做法,编制材料用量比例公式,即提取出各种材料的体积。

③查表得出构件材料的密度,最终得到主要材料的质量。

利用明细表统计的工程量较为准确,可以有效避免传统方式统计的重复问题。

除明细表工具外,Revit 软件还可以按照扩展应用 Extensions。该扩展应用程序提供相应更广泛的功能,进一步提高明细表制作的效率。

4.1.7　模型出图和渲染

完成模型建立后，最终的交付成果还是需提交 CAD 二维图纸，因为目前在国内建筑行业仍以二维图纸作为依据。因此，还需要将三维 BIM 模型转换成为二维 CAD 施工图。此外，与模型相关的各类信息也要统计归纳，同时也需要完成三维渲染图。

对 Revit 软件，可以生成所需的 CAD 图纸。这将提高出图效率，减少人为错误。

一般使用 Revit 软件出图分为 4 个基本步骤。

①进行图纸布置。使用 Revit 软件的"新建图纸"工具可以为项目创建图纸视图，指定图纸使用的标题栏族并将指定的视图布置在图纸视图中形成最终施工图。

②项目信息设置。除完成图纸名称、图纸编号外，还需要完成如项目名称、客户名称等内容信息，在 Revit 软件"项目信息"工具中设置公用信息参数。

③图纸修订和版本控制。在项目进行当中，图纸修订不可避免，Revit 可以记录追踪这些修订信息，并将其发布到图纸上。

④打印和图纸导出。图纸布置完成后，利用打印机进行打印，或用虚拟打印机程序生成 PDF 格式文档，也可以把指定视图或图纸导出为 CAD 格式文件。值得注意的是，Revit 软件不支持图层概念，但可以设置各构件对象导出 DWG 时对应的图层，以方便在 CAD 中应用。

完成模型与图纸转换后，还需要完成项目的三维渲染图。这既是设计阶段的重要展示成果，也是设计阶段的重要交付成果。三维渲染图可作为与业主展示使用，还便于团队内部沟通交流。

Revit 软件自带的渲染功能，可以快速创建 BIM 模型各角度的渲染图，还具有 3Dmax 软件接口，支持将 BIM 模型导入并进一步完善。

以某别墅项目为例，使用 Revit 软件建立的模型如图 4.13 所示。通过生成图纸，可创建所需的 CAD/PDF 格式图纸，如图 4.14 所示。通过自身渲染工具可渲染出所需的图片，如图 4.15所示。

图 4.13　某别墅 BIM 模型 3D 视图

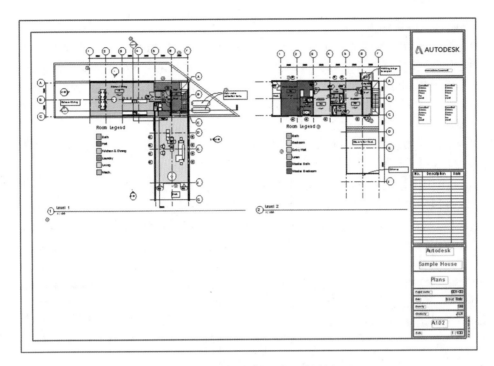

图 4.14 Revit 软件生成二维图纸

图 4.15 Revit 软件生成项目渲染图

4.1.8 BIM 技术与室内人居环境设计

人居环境是人类进行工作劳动、生活居住、社交娱乐等行为的室内空间场所,是影响人类健康发展的重要环境。室内人居环境的品质提升是提高人类生活水平的一个指标。

在满足人们使用功能的前提下,寻找室内舒适度、绿色节能、环境可持续发展之间的平衡点成为设计师需要考虑的室内人居环境生态性能的关键问题。传统分析方式多是以经验计算为依据,随着建筑复杂程度的提高,室内格局变得更活跃和自由,设计师很难凭借已有的设计经验把控复杂的室内环境。因此,在条件繁多且不确定性存在的情况下,BIM 技术直观可视化、易操作的特点就显现出来。它可以用于对实地情况物理模拟分析,帮助设计师做出正确的判断并及时修改设计方案,更方便地找到舒适度与绿色节能之间的平衡点。

除可以完成从概念设计到施工图设计,BIM 技术在室内设计方面还能有效地分析室内日照分析和采光模拟、空气质量分析、声环境分析、室内照明分析、视线分析、绿色节能分析。

（1）室内日照分析模拟

结合各地日照数据及住宅建筑日照标准，将 BIM 模型信息数据导入日照模拟软件，用以模拟建筑周边环境，使用真实日照数据得到日照报告，从根本上对日照、光环境、热环境等方面进行精确的集成模拟和分析。通过分析模拟结果，可以计算合理的建筑间距，针对日晒过度的建筑部分进行遮阳方面的优化设计；还可以利用太阳辐射数据制订节能方案，实现可再生能源的最大化合理利用。

常用的日照模拟软件有 Sunlight、IES（Integrated Environmental Solution）、Radiance、Ecotect、Daysim 等。

Sunlight 由中国建筑科学研究院建筑工程软件研究所研发，是基于三维图形平台的日照分析软件。软件以三维模型作为分析数据依据，按国家及各地区有关日照的相应规范和标准，采用《建筑设计资料集》中太阳位置计算公式、日影原理、光线返回法、阴影轮廓法等技术，提供日照基本计算数据设置和日照计算方法，可进行建设前后窗上或任意空间点的日照情况比较，并以表格形式输出日照分析报告。图 4.16 所示为 Sunlight 软件提供的日照分析示例。

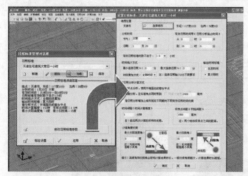

（a）日照参数标准设置

（b）建设前后不符合日照要求的窗数统计

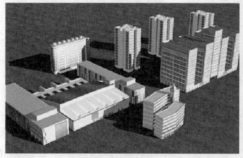

（c）瞬时日照渲染

（d）天空散射热计算

（e）玻璃幕墙反射计算

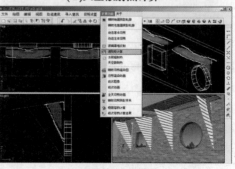

（f）遮阳板形状分析

图 4.16　Sunlight 软件提供的日照分析示例

（2）室内采光分析模拟

除了对日照分析以外，BIM技术还能准确地分析室内采光信息。将BIM模型导入采光分析软件中，对门窗进行编号，添加门窗类型、采光系数、材料透射比和反射比等信息。按采光设计规范设置房间类型属性。对室内采光区域进行采光模拟并分析，得出采光评估报告。根据分析反馈，设计师可及时调整门窗的尺寸和位置，选择合适的门窗类型。对进深较大区域加设反光板以改善采光，合理利用采光节能进行照明设计。图4.17所示为采光分析示例。

（3）室内空气质量分析

为提高室内空气质量，项目设计阶段利用BIM技术进行模拟研究室内空气质量，主要从3方面入手。

①自然通风仿真：主要有风压分析、风速分析，减少室外空气龄，优化通风口、空调系统。

②装饰材料的选择及优化：模拟室内挥发性有机物（VOC）含量，优化装饰材料的选择。

③绿色植物的分布规划：植物吸收空气污染物数值测算、分布规划对空气净化的影响。

在BIM建模软件中，把项目建筑模型及周边环境的基本体量模型建立起来，搜集整合装饰材料信息和绿色植物净化空气的研究数据。

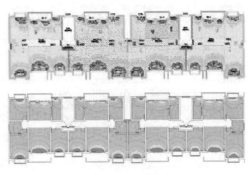

（a）添加采光门窗类型和材料信息　　　　　**（b）室内采光区域分析**

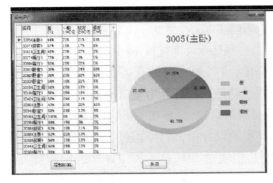

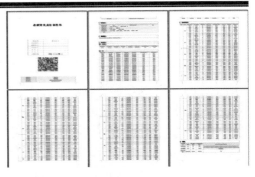

（c）某房间的采光评价　　　　　　　**（d）导出采光报告**

图4.17　采光计算分析示例

设计师在设计阶段能通过BIM技术将室内自然通风情况考虑周全。把BIM模型导入风环境模拟软件进行通风仿真，会得到可视化的动态模拟分析结果，便于有效解决室内自然通风问题，优化室内空气环境。例如，通过调整建筑室内布局、门窗及通风口位置、尺寸等，在物理层面为空气流通提供有效流场；或通过对通风换气系统的布局、室内绿色装饰材料的控制等手段，进一步降低室内空气滞留、空气污染的隐患。常见的风环境模拟软件有 Phoenics、FLUENT、Airpark、Ecotect、Winair、VENT 等。

图 4.18 所示为某生态新城低碳体验馆风环境模拟示例,将 BIM 信息模型导入 Phoenics 软件进行实物风环境模拟分析。结果显示,条形建筑体容易导致建筑周边风速突变和局部死区,不利于室外形成好的风环境,所以在建筑形式上采用曲面形体改善室外通风。另外,进一步缩小室内进深的方式,减少空气在室内的流动距离,降低空气滞留时间,可以有效改善室内风环境。

（a）某生态新城低碳体验馆效果图

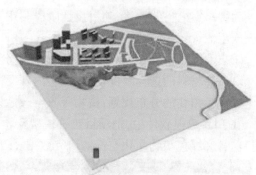

（b）风环境模拟分析模型

（c）建筑迎风面风压

（d）建筑背风面风压

图 4.18　某生态新城低碳体验馆风环境模拟

分析完风环境后,还应分析室内空气质量问题,合理选择装饰材料,减少 VOC 对人体的危害。

通过 BIM 技术,可以建立装饰材料管理数据库,将各种材料的有害物质含量录入数据库中。这样,创建 BIM 装饰模型时,可以利用软件统计功能直接计算出室内 VOC 含量。通过结果与相关评估规范对比,可以帮助设计师优化装饰材料的选择,这样在不影响设计效果前提下,降低室内 VOC 含量。例如,某个办公楼的封闭会议室的设计中,设计师选用了欧松板,虽然该建材符合《绿色建筑设计标准》推荐使用的利废材料,但通过 BIM 技术模拟计算后发现当大面积使用时,在未开启空调通风的情况下,室内空气质量指标不达标,所以改用类似的麦秸板,在模拟计算后发现满足国家标准,可以使用。

利用 BIM 技术还能分析室内绿植物分布规划。通过研究单位面积内植物对空气中有害物质的吸附数据(如一盆吊兰在 8 ~ 10 m² 的房间内就相当于一个空气净化器,能分解苯,吸收空气中 85% 的甲醛、95% 的一氧化碳及香烟烟雾中的尼古丁等有害物质),结合数据,可以在 BIM 模型分析室内绿色植物的配比和分布,有针对性地做出净化空气的设计方案,营造绿色健康的室内空气环境。

（4）室内声学环境分析

室内声学环境也会对人体健康产生影响。研究表明,室内声学环境较差,会对人的基本听力、语言交流、休息睡眠、心脏功能等方面产生许多不利影响,这种影响对儿童更为明显。因此,室内声学环境要符合相关国家标准规定。

BIM技术的优势在于,把信息模型和声学分析软件结合后,能够快速得到声环境评估结果,在建筑方案设计阶段指导优化设计,避免噪声干扰。

信息模型数据导入声环境模拟软件后,可以模拟声源、声场边界条件等。软件建立声线数量和声音强度之间的数量关系,计算声音的强度对建筑环境的影响,把分析结果以可视化的方式呈现出来,便于设计优化。根据评估,可以对受噪声影响的室内进行设计调整,或优化装饰材料的选择,如选择双层玻璃、吸声材料等。常用的声环境模拟软件有RAYNOISE、SoundPLAN、Odeon、RAMSETE、AutodeskEcotect等。

例如,某大剧院利用声环境模拟分析解决设计与功能的平衡问题(图4.19)。在设计阶段,观众厅顶棚被设计为平面顶棚,并安装有巨大的灯环,但平面顶棚对室内声音反射的均匀度不利。为解决设计艺术形式与声环境品质的矛盾,利用RAYNOISE软件进行计算机模拟分析。结论是,通过合理地在台口上方布置三段式跌落顶棚、在观众厅顶棚上布置部分吸声材料和部分反射材料,在墙面做合理的吸声反射和扩散设计,可以获得良好的声学效果。

（a）安装巨大灯环的平面顶棚设计

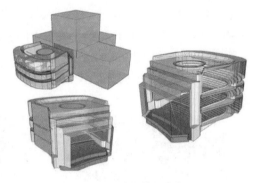
（b）大剧场建筑模型的建立

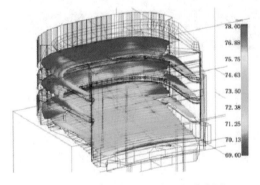
（c）大剧场观众席500 Hz声压级分布图

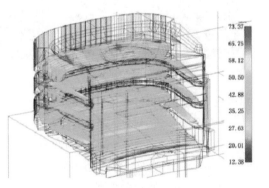
（d）大剧场观众席语言清晰度指标D50

图4.19　某大剧院声学分析

（5）室内照明分析

室内照明设计已成为室内设计的重要环节,既要保证实现足够照度要求,又要考虑到照明对室内环境所产生的美学效果以及心理效果。设计不合理的室内照明会伤害眼睛,导致视力下降,增加白内障的发病率。此外,照明设计还要考虑可持续发展的要求。有研究统计,在医院、学校等照明时间长、照明场所多的地方,其耗能几乎超过本单位所有耗电的 2/5,降低了能源利用率。

BIM 技术用于光环境模拟是可持续建筑设计的新方向和新手段。通过建成前对建筑模拟和分析,可以直观地发现可能出现的各种问题,并进行优化改进。借助于分析结果,设计师根据不同类型、数量的照明设备的参数信息,进行室内空间三维照度计算和照明模拟;依据不同照明方案的能耗计算结果优化照明布局形式,达到基础照明、重点照明和装饰照明的和谐,从而获得良好的高质量照明效果,避免眩光、阴影等不良光环境。常用的照明分析软件有 Ecotect、DIALux、AGI32 等。

（6）室内视线分析

室内视线分析主要考虑两类场景:一是突出视觉功能的场所(如剧场、影院等),分析室内各视点对室内某区域的视线效果;二是室内视野评价,分析室内各视点对室外环境的可视度。利用 BIM 模型进行室内视线分析可以真实还原场景并提供高效、科学的评估依据。

对需要突出室内视觉功能的场所,设计师需考虑到每个座位的观感效果。图 4.20 所示为某剧院项目使用 BIM 技术实现参数化的座位排布及视线模拟。设计师通过人体模型模拟视线,根据剧场内每个座位的视线效果,对座位高度、方向、尺寸、间距进行优化调整。依靠 BIM 技术完成全部座位的视线模拟,为剧院座位排布提供最佳方案,提高设计效率和观众舒适度。

图 4.20　歌剧院室内视线分析模拟

室内景观视野分析是指室内各视点对室外环境的可见程度。现代室内景观不仅局限于室内空间,还依附于建筑、景观与室外,还作为它们之间相互联系与融合的过渡,协调和柔化三者的关系,为室内带入自然的气息,从而起到营造空间气氛、美化室内环境的功效。影响室内视野的因素包括窗尺寸和位置、房间的布局、建筑层高等。LEED 要求至少有 90% 的主要室内使用空间可以用过外窗直接获得室外视野。

在 BIM 模型中,可以通过 Revit 软件自带的"相机"功能,在任意室内景观窗前设置相机,根据拍摄的可视度调整景观窗的位置和大小,达到适当的引入效果。但是,这种以"点"为基础的评估方式工作量较大,对大体量建筑不是很实际。这时,可以通过 Revit 软件中的"漫游"功能创建虚拟漫游路径,实现视点串联,达到"所见即所得"的感观体验,更全面、快速地评估。
图4.21所示为利用 Ecotect 软件进行某办公室内可视度分析。

(a)设置分析网络

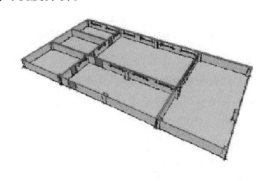

(b)显示分析网络

(c)计算设置

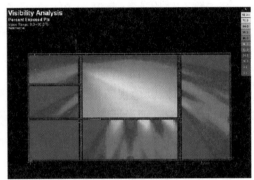

(d)可视度分析结果

图4.21 Ecotect 软件进行可视度分析案例

4.2 BIM 技术在结构设计阶段的应用

BIM 技术在结构设计阶段的应用大体可以分为结构方案必选、结构计算和设计、结构施工图设计3个方面。BIM 技术可以贯穿整个结构设计过程,提高结构设计效率,减少结构设计错误。

(1)方案设计

本阶段主要是建筑设计师和结构工程师沟通,从艺术、功能和力学的角度分析结构主体布局。BIM 技术可以利用三维空间展示建筑师的设计成果,并与结构工程师协调初步确定结构方案。

(2)初步设计阶段

结构设计过程中,主体构件始终要围绕 Revit 建筑模型构建,尽量不影响建筑的功能和美观。基于 Revit 软件的特点,可将建筑模型和方案设计的 CAD 文件通过导入或链接的方式加载到新建的结构样板中。在结构样板中导入的其他专业模型无法修改,但可以通过识图可见性设置控制导入其他专业模型的显示,作为结构方案布置的参照。

设计过程中,结构工程师依照建筑设计师提交的建筑初步模型布置竖向承重构件、竖向抗侧力构件以及水平构件,借助 BIM 技术减少建筑与结构之间的碰撞冲突。一般有两种方式:一是平面图中布置结构构件时，多个窗口或多显示器同时工作，将构件布置结果实时显示在其他专业三维模型中，及时修改因构件布置产生的碰撞；二是各专业模型完成后，通过 BIM 平台碰撞检测软件，查找定位模型之间的冲突之处。

完成结构模型后，合理选择结构有限元计算软件进行试算。基于 BIM 平台数据共享的特点，选择有限元分析软件应考虑以下两点。

①具有对应 BIM 核心建模软件的数据交换接口。结构模型中的几何尺寸、荷载工况和边界约束条件等可以转换成结构有限元软件的分析数据，避免在结构分析软件中重复建模。这种数据传递方式可以提高结构分析的效率。

②结构有限元分析软件能将经过计算分析后的模型反映到 BIM 建模软件中，以便对原始模型进行更新或修改。

（3）施工图设计

完成模型和结构计算后，利用 BIM 软件进行施工图设计和出图。施工图阶段最终的成果文件是完成满足设备材料采购、非标准设备制作和施工要求的全套图纸。

Revit 软件是基于参数化设计的建模软件。建筑或结构模型完成后，可以通过各个标高的平面视图转换成施工图。后期设计发生变更时，无论直接修改 Revit 项目浏览器的施工图，还是在三维模型中修改，其他视图相应位置的构件都会作相关联的修改。通过 Revit 系列软件的项目浏览器可以高效管理设计图纸、施工图设计说明等图纸文件。

BIM 技术支持下的结构施工中，实体和平法表示方法表达各有优点和不足。

实体详图表达优点在于：

①三维形式表达钢筋信息。从图中可以确定钢筋的位置、形式、尺寸等信息，对复杂构件可以放大剖析，避免钢筋碰撞。

②便于工程量统计。对钢筋和混凝土用量统计方便。

③实现隐蔽工程可见性。模型虽然是模拟现实中的建筑，但还能做一些现实中不可能的操作，如实现混凝土在模型中的透明度、这样在改变透明度的情况下，可以清楚观察到内部钢筋的摆放和连接方式，如图 4.22 所示。

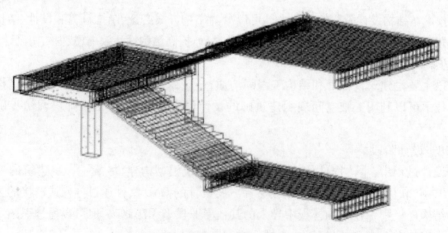

图 4.22　设置混凝土可见度使钢筋可见

实体详图表达钢筋的不足之处在于：

①这种设计方案需要逐根处理钢筋的定位和长度等信息，所以工作量很大。

②此外，钢筋节点和信息的增多对电脑显卡和CPU的要求就很高。

③这种设计方式会占用大量篇幅图纸量。

BIM技术中也可以用平法表示，但与传统的平法施工图有所区别。BIM中的平法不仅是抽象的符号表达，而且把非几何信息赋值给构件，与构件形成一体，可以提取交换，便于后期分析。特别的，BIM中的平法注释族和BIM属性栏中的参数可以相互关联。更改属性栏信息，可以立即传递到平法施工图中，平法施工图的相应注释符号、数值化信息以及位置均可以自动更新。

平法表达钢筋的主要优点：图纸表达更方便简洁，对计算机硬件配置要求不高。其主要缺点：平法表达没有实体表示直观，需要通过平面想象三维效果。

就目前发展来看，将平法表示融入BIM中尚有一些问题需要解决。

①平法表达要与BIM技术接轨，要进一步完善其注释符号在BIM技术中的符号体系，创建平法示意图元与构件钢筋实际尺寸的数学关系以及适合中国用户习惯的平法智能符号族，需要既懂工程又懂软件的专业团队来完成。

②利用好BIM中平法标注的信息。关键在于信息之间能无损交互，这样才能实现平法表达中的信息与结构计算软件、钢筋下料、放样软件对接。

4.3 BIM技术在MEP设计中的应用

（1）MEP系统选型和设计优化

MEP是国外对Mechanical、Electrical、Plumbing 3个专业的简称，即国内所说的建筑机电设备专业，简称水暖电专业。现代建筑品质的提升，决定建筑对设备的功能和性能都有较高的要求。一般情况下，需要MEP系统达到先进、环保、安全可靠及安装维护方便的特性，同时MEP系统设计选型要遵守国家标准和规范，使建筑在其整个生命周期内体现出良好的环境效益、经济效益、社会效益。

MEP系统的选型和优化设计，要注意以下6个方面。

①合理性：满足建筑运营的需要；

②科技性：使用成熟技术，保证运行的稳定和维护的便利性；

③地域性：根据当地的状况，进行有机利用；

④经济性：运营成本可控；

⑤前瞻性：技术领先，最大限度满足管理和使用者的需求；

⑥环保性：符合国家法律法规要求，达到可持续发展要求。

目前，BIM技术中常用的MEP软件都带有系统分析和计算功能，能做到一边设计，一边分析选型。

（2）MEP系统能耗分析

运营过程中，MEP设备的压力和供给量等运行状态随时变化，因此利用MEP软件找到一个合理平衡点很有必要。估算偏高，导致能源浪费和过高工程投资；估算偏低，会使设备系统无法达到实际的负荷需要,可能导致系统发生事故,影响设备系统的正常运行。MEP软件可以在综合考虑建筑空间需求和用户使用习惯的角度确定合理的负荷值范围。同时,MEP软件也可以考虑系统在建造生产过程中的能耗,满足适宜当地的条件及提高生产工艺的材料使用率。

（3）MEP系统成本计算

业主最需要从经济性角度考虑MEP系统的选型和优化设计,以有限的经济条件保证良好的建筑设备运行条件的满足。MEP系统的经济成本包含生产、建造和运营维护成本。有些设备的生产成本可能很低,但后期的运营维护成本可能很高。传统的二维设计方法很难综合考虑这些成本因素,导致有些方案只能实现短期最优,但从建筑整个生命周期的角度来看却不是最佳选择。MEP软件通过对设备系统的虚拟建造和最终运营维护的模拟,以最有效、最贴近现实的分析手段协助工程师选取全生命周期成本最优的方案。

（4）MEP系统空间布局优化

确定MEP系统选型方案后,通过BIM技术将各类管道和设备以最优化的方式布置在有限的建筑安装空间内,同时要尽量保证楼层净高。以往的设备设计过程中,各专业一般分别由不同的参与方进行设计,彼此之间很难有效沟通,导致最终的布局方案无法满足建筑使用需要,对净高的影响很大。利用MEP软件可以对设备系统排布进行综合考虑,尽可能高效节约地利用空间,增加建筑净高,同时软件也能够对管线设备集中的设备间、设备层、管道井等附属空间进行优化排布,降低建筑安装成本,减少施工返工率。图4.23所示为管道优化前的设备布置方案,MEP系统最低点到楼板的高度为3.00 m。利用MEP软件分析后,发现原水管、风管、桥架同标高排布,未有效利用梁下的空间。优化后的方案将水管和风管进行分层排布,充分利用空间,避开管线碰撞,增加净高,最终MEP系统最低点到楼板的高度增加了0.14 m（图4.24）。

图4.23 优化前的管线布置方案

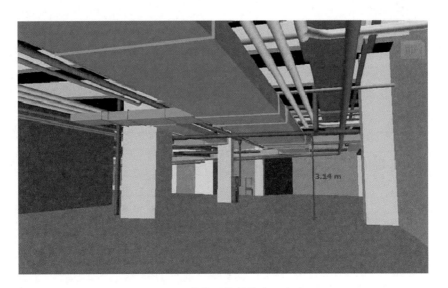

图 4.24　优化后的管线布置方案

（5）MEP 系统管线综合

前两种系统优化主要以 MEP 设计师为出发点，从设计角度开展优化。若从施工总承包商出发，工程师还需用 MEP 软件完成设备管线综合工作。管线综合是依照工程师的知识和经验从施工出发，在考虑施工空间和检修空间的前提下，确保 MEP 方案的总施工成本最低。为提高管线综合的可施工性，实施 BIM 管线综合时不仅需要考虑安装顺序，同时也要考虑管线施工规范，如管道保温层、支吊架形式、管道安装空间及检修空间、安装流程等。图 4.25 所示为基于 BIM 的管线综合优化分析。通过对 BIM 技术的综合应用，可以在施工前发现并消除潜在的施工碰撞；通过对综合管线支架的有效设计和安排，可以有效提高施工效率，降低安装成本。

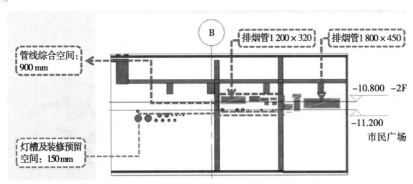

图 4.25　管线综合优化分析

（6）MEP 容差优化设计

以上几种优化过程的前提是建筑的土建结构施工应尽量精确。土建施工误差超出一定范围后，将会对前面优化的结果产生非常不利的影响。这就是 MEP 容差优化的由来，它是指在土建施工发生误差的基础上，对原有 MEP 方案进行再优化，确保最终的可施工性。若未将容差优化加以考虑，之前的优化工作很可能前功尽弃。

（7）MEP 系统出图

完成 MEP 系统设计后,还需要按照国家标准进行二维出图工作。如何将 MEP 软件设计的平面图进行标准化、准确表达是一个难点。需要通过设置工作集、巧用过滤器、修改部分族,以实现平面图表达的标准化。图 4.26 所示为采用 MEP 设计的平面图,其表达与采用 AutoCAD 设计的平面图一致。

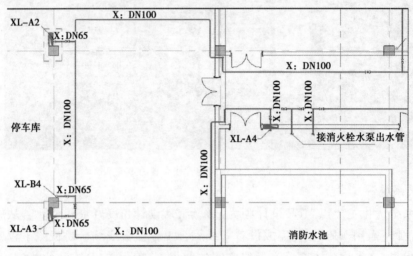

图 4.26　某博物馆首层给水排水平面图(部分)

MEP 系统图的设计过程中,绘制轴测图需花费大量的时间,所以一般以系统原理图来代替,但系统图的表达不够准确。采用 MEP 软件制图后,平面图生成的同时也完成系统图。从图 4.27 至图 4.29 可以看出,MEP 软件绘制的系统图更加精准、形象。

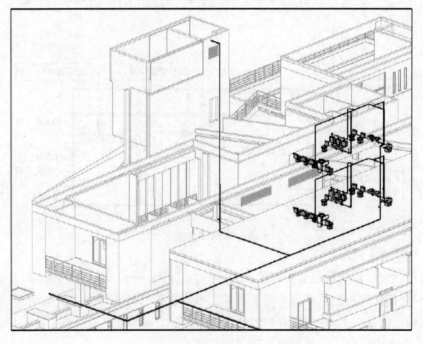

图 4.27　某博物馆生活给水系统图

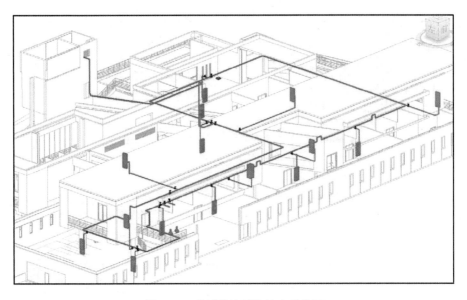

图 4.28　某博物馆消防给水系统图

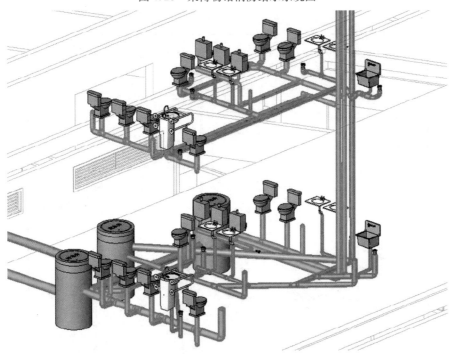

图 4.29　某博物馆污水系统图

采用 MEP 软件还可以进行创建平面图工作生成设备平面图,大大提升后期绘图效率和准确率(图 4.30 至图 4.32)。

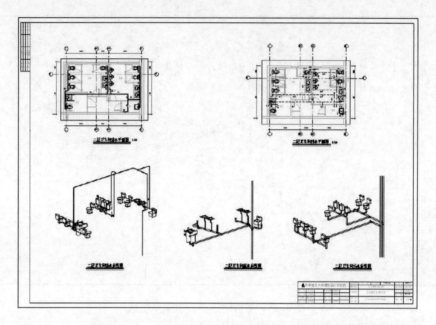

图 4.30　某建筑二层卫生间给排水大样图

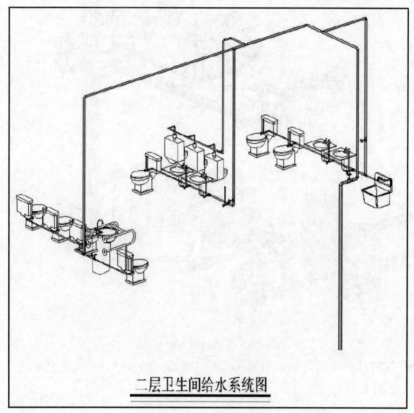

图 4.31　某建筑二层卫生间给水系统放大

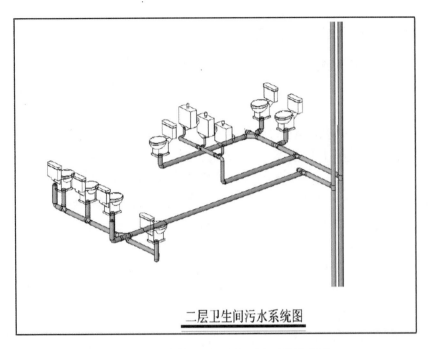

图 4.32　某建筑二层卫生间污水系统放大图

4.4　BIM 技术在智慧建造中的应用

　　智慧建造是一种先进的建造理念,它可以实现产业的和谐发展,与大自然和谐可持续发展,还可以在先进的信息化技术系统支撑下,使得经营环境公开透明,企业项目管理高效精细。

4.4.1　智慧建造的特点

　　智慧建造理念的特点主要包括以下 3 个方面:
　　①提高信息创建质量和信息利用率。
　　②采用精细化管理,提高资源利用率,实现低碳节能要求。
　　③以 BIM 技术为核心。

　　BIM 技术用于智慧建造中可以满足工程项目建设可持续发展要求。传统建造过程中,工程项目参与方较多,各参与方都希望自身利益实现最大化,使得项目实施过程中项目管理混乱,项目信息共享与协同工作更难,工程建设过程只能朝着粗放型发展,无法做好管理和控制。BIM技术介入其中,可以从根本上加强项目各参与方的协作,使得各方同一个平台下创建使用工程项目信息成为可能。

　　智慧建造作为新的工程项目管理理念,其实现需要技术的发展与进步,BIM 技术将对智慧建造理念提供强有力的技术支撑。反过来,智慧建造又为 BIM 技术在实际工程的应用提供理论依据。

4.4.2 BIM 技术在智慧建造中的意义

智慧建造理念的出现给建筑工程领域带来新的机遇,它能保证各个参与方的利益。

①对建设方或业主来说,智慧建造理念能降低成本,提高工程质量,减少资源浪费,从而保证更多利益。

②对承包方来说,智慧建造能在过程中实现资源合理分配,工期实时动态调整,合理安排人员,减少窝工现象,使承包商从中获取更好效益。

相对于传统建造方式,智慧建造对项目在实施过程中有很大优势。

①缩短工程项目周期。通过合理安排工程项目进度及人员安排,可以合理缩短项目周期。

②提高企业竞争力。智慧建造理念将倒逼企业内部运营机制与组织架构改革,提高信息化水平,增强企业的竞争能力。

③提升项目参与人员的协作能力。智慧建造理念需要建立信息统一的共享平台,各方依据项目的开展来增减项目信息,使得工程信息获取更加便捷有效,增强了各参与方的协同作业能力。同时,信息共享还能有效减少建造过程中的各类型冲突。通过合理现场布置,能减少施工机具碰撞,降低施工现场风险,实现质量管理。信息共享还可以根据现场情况合理调整现场管理规定,实时监控施工现场情况,更有效地提高工程质量。

4.4.3 智慧建造体系

根据智慧建造的框架体系,同时结合智慧建造子系统功能实现横向关系,构建 BIM 技术和智慧建造的相互关系,如图 4.33 所示。该建造体系基于 BIM 系统平台设计,主要分为数据层、模型层和应用层。通过 IFC 数据转换工具,施工企业把从设计企业获取的 BIM 信息模型作为系统平台运行的基础。同时,利用 BIM 信息模型与施工进度进行链接,生成四维信息模型。四维模型可以实现施工优化控制、动态施工模拟与动态施工管理,满足施工阶段的质量目标、成本目标、进度目标、安全目标。同时,项目各方也通过系统平台,设定不同的访问权限,让工程洽商与协调更为便捷和安全。

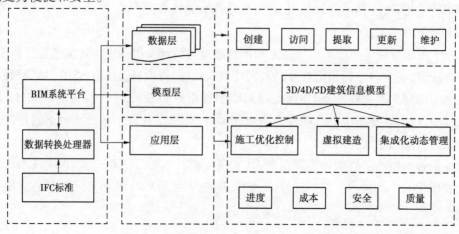

图 4.33 BIM 技术和智慧建造的相互关系图

4.4.4　智慧建造的组织形式

智慧建造改变了传统的建造方式,这种基于 BIM 技术的新理念改变"甩图板"的设计模式,在新型的建造过程中也将改变现有的建造组织形式,"组织"是实现目标的决定性因素。因此,构造适应智慧建造的组织形式至关重要。本节主要介绍系统组织结构模式和业务组织形式。系统组织结构模式主要分析该体系的信息组织形式和硬件拓扑形式;业务组织形式主要研究组织结构模式、组织分工以及工作流程组织。

（1）组织结构模式

组织结构模式可以用组织结构图来描述,传统建造模式下的施工组织结构如图 4.34 所示。

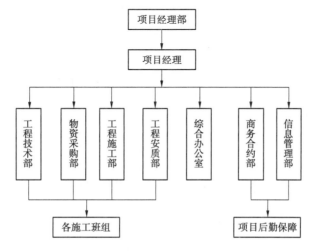

图 4.34　传统施工组织结构图

图 4.34 所示的施工组织结构为常见的线性结构,信息传达与交换的方式比较单一,通常采用二维图纸与纸质文档,各部门协调时间比较长,效率低下。在 BIM 技术条件下,各部门的管理任务分工将发生重大变化,如表 4.2 所示。

从表 4.2 可以看出,在传统施工组织结构的基础上,建立与 BIM 技术特点相适应的管理任务分工,更有利于发挥 BIM 技术的优势。为更好地利用 BIM 技术,完成各自的任务分工,团队需要组建一个项目施工 BIM 工作小组。该 BIM 工作小组协调各部门完成 4D 进度模拟、虚拟建造、动态碰撞等技术任务,实现施工建造过程的优化管理及实现进度、安全、质量、成本的高效控制,同时 BIM 人才配备也至关重要。

表 4.2　基于 BIM 技术的施工管理任务分工

部门名称	传统施工管理任务分工	基于 BIM 技术的施工管理任务分工
工程技术部	审查施工方案、进度计划,负责主材的检查验收,处理施工技术问题,提出变更建议;监控施工工艺流程,提高施工质量	利用 4D 施工模拟,检验施工方案的可行性,消除施工现场冲突,模拟建立标准化施工工艺流程,提高施工质量
物资采购部	按进度调配材料设备,检查材料设备的品种、规格、数量、质量是否符合相应规定要求	根据 3D 建筑信息模型及数据库统计的工程量,合理安排物资供应,并依据数据库访问各构件的材料设备信息

部门名称	传统施工管理任务分工	基于 BIM 技术的施工管理任务分工
工程施工部	执行各分部分项施工任务,保证施工质量、进度、安全符合要求	施工动态检查,4D 施工进度模拟,动态调整施工进度,根据 BIM 技术建立的标准化施工工艺流程施工
工程安质部	负责工程质量、安全的检查监督工作,深入工地巡检,及时发现质量或安全隐患,并及时纠正	BIM 与物联网技术结合,进行现场跟踪与检验,保证施工质量、安全、进度要求
商务合约部	做好各项合同的签订工作与档案管理,负责施工直接成本管理,参与业主供料咨询合约谈判等	利用 4D 模型,进行成本控制,建立 5D 模型;及时更新 4D/5D 信息模型的材料设备信息库
综合办公室	负责办理各项报批手续,制定工程建设安全管理意见和文明施工管理办法,并狠抓落实;整理各项施工资料	利用 3D/4D/5D 建筑信息模型及数据库,做好竣工工程施工资料的收集和整理工作
信息管理部	工程项目各信息的建设、维护、共享与保密	利用 BIM 系统平台,在同一建筑信息模型上管理、维护、更新各方项目信息,做好各方访问权限划分与设定

（2）系统组织形式

硬件拓扑形式主要描述施工建造阶段整个 BIM 信息管理平台在构建过程中,各信息终端交互设备和数据库核心区的具体要求以及连接状态。设计单位完成的建筑信息模型包含的信息是基础信息,主要包括三维建筑模型几何信息、材料信息、相应的结构建筑规范信息等。施工单位需要在施工阶段进一步完善所需要的内容,主要包括工程变更、材料设备采购、施工进度、人员调度、构件装配、成本等信息。从模型集成的信息内容量和形式来看,施工单位所承担的任务最重。因此,施工单位要依据实际所需完善的 BIM 信息情况来配置计算机硬件,同时也要考虑 BIM 工作小组的人员规模。图 4.35 所示为该硬件拓扑结构,它表明了一般建筑信息模型所需的硬件及其连接形式。

BIM 数据库核心区设备指运行 BIM 信息创建、访问、查询、提取、更新等操作的服务器,主要功能包括施工建造过程中进度成本信息的创建、物资采购部门对材料设备信息的查询、各工程量的统计与提取,以及工程变更所对应信息的更新等。但超大型工程项目包含的 BIM 模型数据信息量非常庞大,仅由末端输入、输出设备来承担,会对设备造成极大负担,甚至影响系统稳定性,无法发挥 BIM 技术的最大优势。因此,由数据库核心区设备主机服务器甚至是利用云计算来担当该角色,不仅能提高信息创建、访问、查询、提取、更新的速度,而且对信息的维护、管理也有一定的安全保障。

信息终端交互设备是指各种输入输出设备,包括图形工作站、笔记本电脑、平板电脑、智能手机、激光打印机或手持智能设备等。个人 PC 作为必备的输入输出设备,为了应对高信息存储,其配置势必需要一定的提高。例如,欧特克官网提供了 Revit 软件入门级、合理级、推荐级配置需求,按照需求配置设备能节约成本。为便于能随时随地读取项目信息,获取资料,可以采用 Graphisoft SE 公司制作的一款在智能手机上查看三维建筑信息模型的软件 BIMx,如图 4.36 所示。

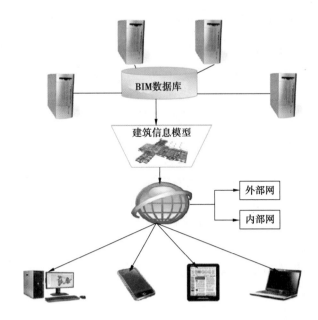

图 4.35　硬件拓扑结构

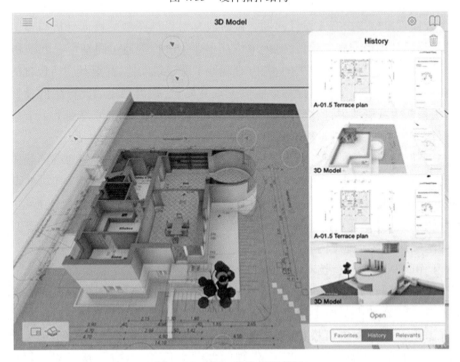

图 4.36　BIMx 软件使用截图

【延伸阅读】
Revit软件配置需求

4.4.5 施工准备阶段优化控制管理

施工准备阶段的主要工作包括施工文件准备、施工条件准备、施工开工准备、安全文明施工准备。在施工准备阶段的工作会影响后续工作的展开，包括安全、质量、进度、成本等。

BIM技术可以在这个阶段完成项目的碰撞检查、4D模拟、虚拟建造等具体应用，将有效地控制施工过程中的潜在风险，减少不必要的损失，保证工程顺利进行。

（1）碰撞检查协助图纸会审

图纸会审是指工程各参建单位（建设单位、监理单位、施工单位、各种设备厂家）收到设计院施工图设计文件后，对图纸进行全面细致的熟悉，审查出施工图中存在的问题及不合理情况并提交设计院进行处理的一项重要活动。图纸会审由建设单位负责组织并记录（也可请监理单位代为组织）。图纸会审可以使各参建单位（特别是施工单位）熟悉设计图纸、领会设计意图、掌握工程特点及难点，找出需要解决的技术难题并拟订解决方案，将因设计缺陷而存在的问题消灭在施工之前。监理人员要对施工图进行详细的校对，对图纸进行全面的复查，还应站在更高的层次上，从设计项目管理的角度对设计图纸提出问题，对设计图纸加以优化和完善，以提高设计图纸的设计质量。

图纸会审主要是由设计人员向项目团队或施工单位介绍设计意图及施工注意事项，并解答由施工单位或监理单位提出有关设计问题。该阶段是对设计图纸的透彻分析与施工可行与否的论证阶段，是设计单位与施工单位、监理单位甚至业主进行沟通协同平台。可以利用BIM技术创建该平台，三维模型让各专业之间、各方直观地了解建筑实体，甚至其中所包含的各项技术规范。因此，若设计中的错误问题能在该阶段发现并修正，则可避免因此产生的设计变更。实践证明，对规模较大或管线设计比较复杂的项目进行碰撞检验，往往可得到上千个碰撞检验问题。如果仅依靠人力排查构件冲突，将是一项非常艰巨的工作。

图纸会审前，施工单位的首要任务是读懂图纸，这涉及设计单位移交的设计载体形式。如果在设计阶段仍未使用BIM技术建立三维建筑信息模型，则施工单位可以就二维设计图纸建立BIM模型，而建立模型的过程不仅有效帮助施工单位理解图纸，而且还能进行碰撞检查，及时发现设计错误，有助于开展图纸会审。若在设计阶段已经建立BIM模型，则施工单位可以BIM模型为基础熟悉整个施工内容，掌握施工技术难点，并验证施工方案。

（2）基于BIM的虚拟建造技术优化施工方案

虚拟建造是在项目启动前，通过BIM技术在计算机中提前完成的过程。虚拟建造主要采用计算机仿真技术和虚拟现实技术，通过高性能计算机和高速网络，对施工建造过程中的人、资料、信息和建造过程进行模拟，以此发现施工建造过程中可能发生的问题。通过虚拟建造技术可以在投资、设计以及施工前，发现问题并采取相应措施，从而降低风险、建造成本、缩短工期等，同时还可以增强工程项目的竞争力以及增强各参加方在建造过程中的决策和控制能力。

传统施工方案的编制是通过分析项目的重难点,借助施工技术人员或专家的经验分析,完成施工方案的设计与调整优化。但是,传统施工方案的编制过程依靠技术人员或专家对项目的理解以及自身的经验,而经验则有很大的不确定性,受很多主观因素的影响,传统意义上施工方案的编制无法进行直观的比较、有效的验算和有依据的优化,针对未来的不确定性更无法预料项目实施过程中的突发问题。因此,对结构异常复杂或重大工程项目,完全依靠经验式的施工方案根本无法对项目产生指导价值,这就需要借助计算机虚拟建造技术对施工方案中的各种不确定性以及合理性进行提前预演,以对项目进行有效控制,在各类方案中进行比对与优化。如图4.37所示为基于BIM的虚拟建造技术优化施工方案应用流程。

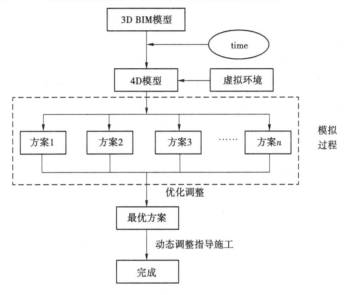

图4.37　基于BIM的虚拟建造技术优化施工方案应用流程

基于BIM的虚拟建造技术优化施工方案能满足以下3个功能。

①动态建模功能。施工方案利用虚拟建造技术编制包括基于方案的动态建模、方案比较与分析、方案优选、方案优化以及结果评价等内容。其中,方案动态建模包括建筑环境、拟订方案的建立、边界条件处理、荷载条件处理等内容,方案分析包括方案的可行性、合理性和安全性分析。

②可视化功能。利用BIM技术将建立的3D模型放置在虚拟环境中,可以动态观察各施工方案的实施过程,从而优化施工方案。

③协同作业功能。协同作业功能是指技术人员或专家在同一建筑信息模型对同一专项施工方案进行同时设计,相互交流,信息共享,比较选择最优方案。同时,可以减少大量文档生成及其传递时间和误差。

(3)4D进度模拟技术检验可建性

4D进度模拟技术将3D BIM模型与施工进度图(MS PROJECT编制)进行链接。Navisworks软件对工程项目模拟建造,优化施工进度,分析项目的可行性。

Revit软件具有工程量统计功能,可以依靠模型统计工程量,然后得出施工各阶段所需的材料用量、施工人员数目。但是,该技术需要借助工程量统计规范库来完成相应计算。目前,这样的规范库多来自国外,所以要提升使用效果和准确性,国内软件厂商需要进一步努力做到本地化,提升该技术的可用性。

传统施工进度计划编制主要依据技术人员的经验与关键线路工作时间控制确定,并利用网络计划与横道图的方法来调整施工进度计划。因此,仅仅依靠个人经验与二维平面技术支撑,难免会出现不合理的情况,从而影响后续工作的开展。而利用 4D BIM 模型可以控制工程项目中的每项工作,并依据 3D 模型统计的工程量进行进度安排与模拟,从精确程度和耗费的时间上对比,4D 进度模拟都具有优越性。

利用 BIM 技术实现施工准备阶段的 4D 进度模拟需完成数据信息采集、4D BIM 进度模型建立、4D BIM 模型数据处理等任务。

信息数据采集是指通过已完成的 BIM 模型统计分项工程的工程量,按照国家和地方定额规范或企业定额处理统计的数据,从而得出相应人、材、机的具体用量。4D BIM 进度模型由 BIM 模型和进度计划(MS PROJECT 软件编制)绑定与结合确定。进度模型信息处理主要包括 4D 施工模拟、资源管理和进度计划调整。

根据 4D 进度模拟的定义、要求与内容,设计施工准备阶段利用 4D BIM 模型的进度模拟流程如图 4.38 所示,从而指导基于 BIM 技术的施工进度计划的编制与调整。

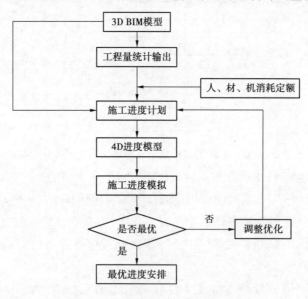

图 4.38　基于 BIM 的施工进度模拟流程

4.4.6　施工过程中进度、资源、成本动态管理

影响施工管理的关键工作是施工过程中的进度、成本和资源管理,三者相互制约、相互影响。施工进度能动态展示、直观地反映施工现场的真实情况,使各种施工资源能得到合理分配,可以把施工成本能控制在预算范围内,促使进度、成本、资源最大满足施工现场实际需求。根据智慧建造体系框架,利用 4D BIM 信息模型,优化控制进度、资源、成本间的冲突矛盾,实现施工建造的集成化动态管理是当下施工建造向信息化、智能化、智慧化管理转变的必经之路。

1) 进度动态管理

通过实时分析计划进度与实际进度之间的差异,利用进度超期预警系统自动分析工期延误的影响,提出相应的后续工作进度计划就是基于 BIM 技术实现进度动态的管理。例如,如果关键线路上的工作延误,则施工项目的总体进度会受影响,即工期拖延、施工成本增加。所以,施工进度的合理规划与进度过程中预警系统设计可以提升施工单位进度控制能力和管理水平。

进度预警系统是依据 4D BIM 进度信息模型设计,其主要功能表现在:

①实时向系统输入现场施工实际进度情况和 4D BIM 进度模型中的计划进度进行比对,系统可以自动分析进度。

②分析统计后续工作工程量与资源需求量,优化后续工作进度,满足总进度计划。

③系统可以自动识别项目中的关键线路,分析后可知关键工作的进度情况。当出现异动时,进度预警系统将自动报警,提醒施工管理人员密切注意关键工作的时间安排,及时采取措施调整紧后工作的进度安排和资源配置。如图 4.39 所示为进度预警系统的工作原理。

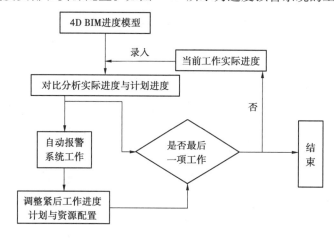

图 4.39　进度预警系统工作原理示意图

2) 资源成本动态管理

施工资源成本动态管理是在施工过程中随着施工进度推进,结合市场价格信息合理确定工作任务中人、机、材的用量,借以实时统计施工成本。资源成本动态管理系统能在施工条件或施工内容发生变更时,及时调整资源配置,做到可行、科学、合理。

施工资源动态管理系统的主要功能包括:

①根据施工项目进度计划和相应工作资源需求量,制订人、材、机需求计划。

②根据进度分析,编制物资采购计划、物资现场管理计划以及物资仓储可视化管理。

施工成本动态管理主要包括以下几方面:

①根据 BIM 模型统计的工程量,结合预算定额和市场信息价格,计算工程总成本。

②随着施工进度的开展,根据实际进度与计划进度,合理调配施工资源,计算当前施工状态的施工成本,实时掌握控制施工成本。

3）现场跟踪与检验

实现 4D 动态碰撞检查或进度、成本、资源冲突分析，需要现场实时监控技术，即无线射频识别技术（RFID）。它能满足跟踪施工现场实时进度，结合 BIM 技术的结合，把 BIM 技术延伸到施工阶段的应用、检查与控制作用。

RFID 技术是一种非接触性的自动识别技术，主要是通过射频信号对目标对象进行自动识别，同时获取相应的信息数据。这种自动识别技术不需要人工干预，能在各种恶劣环境中工作，特别适合施工现场作业；同时还能识别多个标签，操作快捷方便。

（1）控制建筑施工过程的质量和安全

随着科技的不断发展，建筑施工过程中的质量、安全问题逐渐由不可控转变为可控。现场可以利用 RFID 技术追踪建筑产品的生产、运输和施工过程，从而确保建筑构件质量、施工过程质量以及建筑成品质量。

施工现场是由人、材、机构成的复杂系统，同时又充满着各种动态的、无序的、不可控的因素，安全事故频频发生。利用 RFID 技术可以有效地跟踪各种施工动态资源，监控各种危险源，从而控制安全事故发生。通过 RFID 技术的考勤、定位、预警和报警功能可实现对现场施工的监控管理。

（2）材料、设施的追踪、管理

德国 Frankfurt 国际机场的设施管理，使用电子标签来记录飞机维护数据，从而制订相应的维护计划。2010 年，杭州安监部门研究开发一套混凝土搅拌车超载超速监控管理系统，其主要目标是控制混凝土车超载、超速等现象，避免发生安全事故。这些实例都是将 RFID 电子标签嵌入到监控范围内的材料、设备中，从而对其进行识别。施工现场堆放场地材料杂乱无章，材料设备的查找、使用与存放会出现很多问题，而 RFID 技术能较好地解决这些问题。通过应用软件管理系统实时监察材料设备的使用情况，及时制订相应的采购计划。

（3）材料设备管理

在施工场地受限或周围空间条件限制的情况下，往往会存在材料设备的存储、运输与管理问题。材料的规格、尺寸查找错误或材料设备查找不到的现象屡见不鲜。同时，在材料设备购置、运输和存储管理过程中，往往通过人工输入来确定材料设备的现场存储及使用情况。人工输入的方式可能会出现信息输入缓慢、错误，甚至信息查找困难等问题，从而影响整个施工进度。

在这种情况下，需要发挥 RFID 技术与 BIM 技术结合的优点。首先，将电子标签嵌入需要监控追踪的材料设备或现场构件，通过 RFID 技术和无线网络及时地将监控追踪信息传递到相应的软件管理系统。接着，通过 BIM 技术将追踪实时信息进行处理，转变为施工所需的进度、资源管理信息，如图 4.40 所示。RFID 技术与 BIM 技术的结合，不仅利用 RFID 技术的获取信息方便多样、传递速度快、准确程度高的优点，而且通过 BIM 技术对采集的信息进行加工处理，并应用到调整优化施工进度、施工方案等方面。

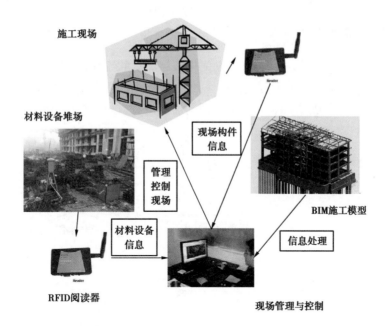

图 4.40 结合 RFID 技术与 BIM 技术进行施工现场管理

（4）施工进度管理

RFID 技术在施工进度控制中起获取进度信息的作用,在 4D 施工进度模型中添加 RFID 系统,使进度信息获取的方式自动化,实现整个 4D 施工进度流程自动化,减少人工输入的缺漏和错误。

由于施工阶段变化因素多,如工程变更、客观环境因素等,往往需要调整施工计划进度以满足施工实际的需求。采用 MSProject 软件编制的施工进度计划调整时,往往需要调整后续工作的安排。采用如图 4.41 所示的进度控制方式,则可以掌握控制施工实际进度。首先,在施工现场,通过 RFID 阅读器实时获取现场材料设备的存储运输信息、建筑构件生产信息以及构件的入场吊装信息等。接着,根据工程实际进度,调整在施工准备阶段已经建立的 4D BIM 进度计划模型,构建 4D 施工实时模型,最终通过信息反馈来指导现场施工。

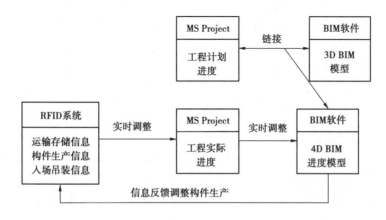

图 4.41 结合 RFID 与 BIM 技术控制进度

4）预制构件的加工与安装

BIM 技术应用到预制加工过程,将大大优化预制加工的流程化、信息化与工厂化生产。

基于 BIM 技术的预制加工流程使得整个预制加工过程的信息可靠、真实,减少由于人为因素对施工图纸的理解、判断错误。结合传统预制加工流程,设计基于 BIM 技术的预制加工流程图,如图 4.42 所示。

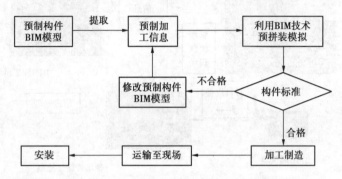

图 4.42　基于 BIM 技术的预制加工流程图

施工单位可以将预制加工构件的 BIM 模型信息流转给预制加工工厂或预制加工分包商,预制加工商通过提取 BIM 模型中相关的构件信息,并利用数据库的分类统计功能对同一构件进行分段、编号、工程量统计等,减少大量的统计时间。同时,利用 BIM 的可视化功能对预制构件进行预拼装模拟,不仅可以直观地指导实际操作,还可以检查拼装过程中存在的问题。

由于通过访问数据库可以获取预制构件的分类统计信息,因此预制构件加工工厂可以就同一型号、材质的构件进行批量生产。这不仅确保了生产效率,而且集中生产方式使得传统施工方式向工厂化施工方式转变。

5）竣工交付阶段管理

施工单位按照施工合同完成整个工程项目后,施工建造过程进入项目竣工交付阶段。竣工交付阶段主要由项目经理向总监理工程师提交竣工验收报告,并由建设单位组织施工单位、监理单位、设计单位等进行竣工验收。传统的竣工交付阶段,施工单位的主要工作包括施工文件档案管理、竣工决算管理和工程项目试运行管理。基于 BIM 技术的智慧建造过程,从设计阶段或施工准备阶段引入 BIM 模型。BIM 模型也随着工程项目的开展,BIM 模型包含的数据库也在不断完善。因此,在施工竣工交付阶段施工单位完全可以按业主的要求提交 BIM 竣工模型。BIM 模型精度也由 LOD300 提升到 LOD500 级别,便于后期运维使用。

（1）BIM 竣工模型交付

传统的竣工图是在竣工时,由施工单位按照施工实际情况画出的图纸,因为在施工过程中难免有修改。为让客户（建设单位或使用者）能比较清晰地了解土建工程、房屋建筑工程、电气安装工程、给排水工程中管道的实际走向及其他设备的实际安装情况,国家规定在工程竣工后施工单位必须提交竣工图。

传统上竣工图以纸质或电子文档作为载体提交,但竣工图往往会出现与实际施工情况不符的情况,也会出现材料替换交代不详或相关的工程变更等问题。但是,竣工阶段的 BIM 模型已经在施工过程中逐步完善施工信息(包括工程变更信息),所以 BIM 竣工模型可以减少或消除传统竣工图存在的隐患。

BIM 竣工模型与传统竣工图的区别主要表现在表现形式、载体、内容与特点等方面。BIM 竣工模型是一个集参数化、可视化与信息化的三维模型,不仅可以得到二维平面竣工图,还可以即时查阅各种工程变更、施工质量技术资料、施工进度成本等信息。表 4.3 所示为 BIM 竣工模型与传统竣工图的主要区别。

表 4.3　BIM 竣工模型与传统竣工图对比表

	传统竣工图	BIM 竣工模型
表现形式	线条、面、文字等构成的二维图形,通过人为想象将平面、立面图构造实体空间模型	三维实体模型,无须人为想象,可以同时在三维与二维之间切换
载体	电子稿、蓝图	电子稿、蓝图、实体模型
内容	施工蓝图改绘并加注说明;重新绘制并加索引说明	三维实体模型 + 变更信息
特点	为运营期的设备维修提供依据,但需要人为空间想象力寻找锁定维修目标	供业主进行实体模型展示,可通过漫游形式感受建筑物周围环境,形象、具体;为设备维修提供依据,通过构件搜索功能直接定位目标,同时可以获取维修设备的详细信息

若涉及混凝土强度等级改变、钢筋代换以及墙、板、内外装修材料变更时,传统竣工图可在图纸上修改,但这种二维线条方式很难表达清楚,因此需要通过加注或采用索引的方法加以说明。而 BIM 竣工模型遇到上述变更问题,只需要替换相应的材料,修改相应钢筋标号与混凝土等级即可。例如,某建筑应业主要求变更门的尺寸与类型,则在传统竣工图上不仅要更改门的尺寸、嵌入的墙体尺寸,同时还需加注说明,结算时相应工程量(门及墙体)也需重新计量。使用 BIM 竣工模型时,只需修改相应门的尺寸数值与类型、材质等信息,相应墙体尺寸与工程量统计则会自动修正。

(2)竣工结算管理

竣工结算是指一个建设项目或单项工程、单位工程全部竣工,发包承包双方根据现场施工记录,设计变更通知书,现场变更鉴定,定额预算单价等资料,进行合同价款的增减或调整计算。竣工结算应按照合同有关条款和价款结算办法的有关规定进行,合同通用条款中有关条款的内容与价款结算办法规定有出入的,以价款结算办法的规定为准。根据工程情况,决算超过预算的现象非常普遍,主要原因一般是设计变更产生的费用变更,或招投标阶段时间限制导致工程量计算错误等。传统工程量统计工作往往需要预算员通过手工计算工程实体的工程量。虽然随着各种算量软件的出现,工程量统计工作便捷很多,但利用算量软件进行工程量统计需要重新将图纸导入软件中,同时还需要依靠预算员的专业知识、相关规范以及二维图纸中的工程信息,这会耗费大量的人力与时间。

BIM 模型除了几何信息还包含丰富数据信息,BIM 软件可以对这些信息数据进行统计计算。因此,借助 BIM 模型的非几何构件信息统计运算功能,能加快竣工结算工作的开展,减少大量人工统计工程量的烦琐工作量与潜在错误。图 4.43 所示为某工程的 BIM 模型的现浇混凝土梁工程量汇总统计图。

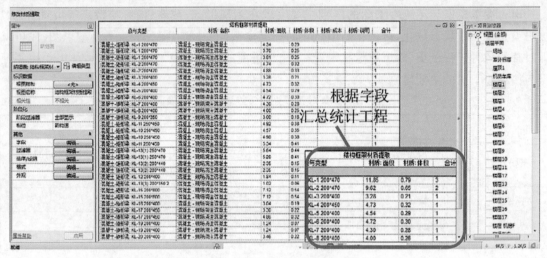

图 4.43　BIM 模型的工程量汇总统计

4.5　BIM 技术在工程项目成本控制中的应用

（1）决策阶段

投资决策是项目建设的先决条件，优秀的决策是项目成功的保证，也与项目成本有直接关系，因此一个合理的决策是实现成本控制的必要条件。

进行施工项目的决策时，造价人员根据初步的施工模型，提取出一份大致的工程量数据，与企业内部施工定额相结合，预估出拟建施工项目的造价成本信息。

（2）设计阶段

设计阶段是成本控制的关键阶段。根据统计，设计阶段的成本仅仅占整个建设项目的总体成本的 15%，但它对整体成本至关重要。在目前的工程设计条件下，限额设计是设计阶段采用的主要方式，即根据设计任务书中已经获得批准的投资预算完成初步设计方案，然后完成施工图设计。

通过 BIM 技术，设计人员能直接在模型数据库中选择与当前施工项目相类似的历史施工项目模型的相关设计指标，创建一个经济合理的限额设计。同时，造价人员能直接在模型中提取工程量数据及项目参数，较为快捷地得到概算价格，这样能从施工项目的全生命周期角度出发控制施工项目的实际成本，有效地进行成本控制。

通过模型，造价人员可以在项目开始阶段初步对施工项目的成本进行成本计算，然后进行成本控制。另一方面，通过模型自带的以三维可视化模拟为基础的碰撞检查和模型虚拟建设，可以在实际施工项目开始前发现设计失误和设施错误并纠正，减少施工设计变更及发生返工的概率。在前期成本控制中，这是一种非常有效的手段。

（3）招投标阶段

工程量清单计价是国内建筑项目普遍采用的招投标模式，BIM 技术的应用对招投标过程产生重大影响。

BIM模型使得造价人员又快又准地提取出各类工程量数据,并能结合建设项目的实际特点计量出相对精准的工程量清单,极大地减少人为造成的漏项、重复及错算的情况出现,在项目开始前将可能因工程量数据问题而引起纠纷的情况降到最低。

《中华人民共和国招标投标法》明确规定:"自招标文件开始发出之日起至投标人提交投标文件截止之日止,最短不得少于20日"。为尽快开工,建设单位普遍在遵守我国现行法律法规的条件下,将时间尽可能少的留给投标单位编制投标书。这样因为过短的时间规定,仅依赖人工计算工程量,无法保证工程量清单的准确性。通过BIM技术,投标单位可以直接从模型中提取所需的工程量数据,编制工程量投标清单,制订投标策略。

目前,我国部分省市,已经开始实施以互联网为基础,以BIM技术为核心的网上招投标,极大地方便外地施工企业进行招投标,更好地提升建筑工程质量。

(4)施工阶段

传统的建造模式中,施工企业中标后都是以平面图纸为基础,设计、施工、建设、监理各方需要分专业、分方向、分阶段核对设计图纸。如果各方只考虑自身需要,不能做到信息协同共享,也就不能发现设计图纸的问题与缺陷。而BIM技术能够提供一个信息交流的平台,方便各工种间的工作协同和集中信息。以BIM建筑模型为基础,将不同专业的数据进行汇总分析,通过碰撞检测功能后,可以直接纠正出现的问题,尽可能避免因设计失误出现的施工索赔问题,有利于成本控制。

通过BIM技术,在施工组织设计时,各项计划安排可以在模型中进行试用、调整、修改,节约人力、财力,并根据模型的动态调整,实现动态成本实时监控和控制。

(5)竣工阶段

竣工验收移交的过程中,往往会发生大量资料丢失或信息缺失等状况,这个阶段需要进行竣工验收结算。传统上,造价人员需要通过平面图纸和工程量计算书等一系列文件对墙、梁、板、柱等结构逐件逐项地核对结算,工作强度大,容易发生结算错误。

使用BIM技术后,在项目施工的过程中,对建筑模型不断完善,其包含的工程信息已经完全代表项目工程实体,对成本控制的最后阶段提供强有力的保证。

4.6　BIM技术在建筑运维中的应用

4.6.1　建筑运维的意义

美国国家标准与技术协会(NIST)于2004年进行了一次研究,目的是预估美国重要设施行业(如商业建筑、公共设施建筑和工业设施)中的效率损失。该研究报告显示,业主和运营商在运维管理方面的成本几乎占总成本的2/3。设施管理人员的日常工作主要有:使用修正笔手动更新住房报告;通过计算天花板的数量,计算收费空间的面积;通过查找大量建筑文档,找到关于热水器的维护手册;搜索竣工平面图,但毫无结果,最后才发现从一开始就没有收到该平面图。

由此可见,一幢建筑在其生命周期的费用消耗中,约80%发生在其使用阶段。其中,主要的费用由抵押贷款的利息支出、租金、重新使用的投入、保险、税金、能源消耗、服务费用、维修、建筑维护和清洁等构成。建筑物平均使用年限达到 7 年后，使用阶段发生的费用会超过最初的建筑安装造价，并且这些费用总额以不均匀比例增长。一幢建筑物的使用年限达到 50 年后，建筑物的造价和使用阶段的总维护费用比例可达 1∶9。因此，职业化的运维管理将会给业主和运营商带来极大的经济效益。

4.6.2　建筑运维的范畴

运维管理主要包括空间管理、资产管理、维护管理、公共安全管理、能耗管理 5 个方面。

1）空间管理

空间管理主要满足组织在空间方面的各种分析及管理需求，更好地响应组织内各部门对空间分配的请求及高效处理日常相关事务，计算空间相关成本，执行成本分摊等内部核算，增强企业各部门控制非经营性成本的意识，提高企业收益。

（1）空间分配

创建空间分配基准，根据部门功能确定空间场所类型和面积，采用空间分配方法，消除员工对分配空间场所的疑虑，同时为新员工快速分配可用空间。

（2）空间规划

数据库和 BIM 模型结合的智能系统能跟踪空间的使用情况，提供收集和组织空间信息的灵活方法，根据实际需要、成本分摊比率、配套设施和座位容量等参考信息，使用预定空间，进一步优化空间使用效率。同时，基于人数、功能用途及后勤服务预测空间占用成本，生成报表，制订空间发展规划。

（3）租赁管理

应用 BIM 技术对空间进行可视化管理，分析空间使用状态、收益、成本及租赁情况，判断影响不动产财务状况的周期性变化及发展趋势，帮助提高空间的投资回报率，并抓住出现的机会及规避潜在的风险。

（4）统计分析

开发成本分摊-比例表、成本详细分析、人均标准占用面积、组织占用报表、组别标准分析等报表，获取准确的面积和使用情况信息，满足内外部报表需求。

2）资产管理

资产管理是运用信息化技术增强资产监管力度，降低资产的闲置浪费，减少和避免资产流失，使业主在资产管理上更加全面规范，从整体上提高业主资产管理水平。

（1）日常管理

日常管理主要包括固定资产的新增、修改、退出、转移、删除、借用、归还、计算折旧率及残值率等工作。

（2）资产盘点

核对盘点数据与数据库中的数据，处理数据，得出资产的实际情况，并按单位、部门生成盘盈明细表、盘亏明细表、盘亏明细附表、盘点汇总表、盘点汇总附表。

（3）折旧管理

折旧管理包括计提资产月折旧、打印月折旧报表、对折旧信息进行备份、恢复折旧工作、折旧手工录入、折旧调整。

（4）报表管理

可以对单条或一批资产的情况进行查询，查询条件包括资产卡片、保管情况、有效资产信息、部门资产统计、退出资产、转移资产、历史资产、名称规格、起始及结束日期、单位或部门。

3）维护管理

建立设施设备基本信息库与台账，定义设施设备保养周期等属性信息，建立设施设备维护计划；对设施设备运行状态进行巡检管理并生成运行记录、故障记录等信息，根据生成的保养计划自动提示到期需保养的设施设备；对出现故障的设备从维修申请，到派工、维修、完工验收等实现过程化管理。

4）公共安全管理

公共安全管理需应对火灾、非法侵入、自然灾害、重大安全事故和公共卫生事故等各种突发事件，建立起应急及长效的技术防范保障体系，包括火灾自动报警系统、安全技术防范系统和应急联动系统。

5）能耗管理

能耗管理主要由数据采集、处理和发送等功能组成。

（1）数据采集

提供各计量装置静态信息人工录入功能，设置各计量装置与各分类、分项能耗的关系，在线检测系统内各计量装置和传输设备的通信状况；具有故障报警提示功能，能灵活设置系统内各采集设备数据采集周期。

（2）数据分析

除水耗量外，将各分类能耗折算成标准煤量，并得出建筑总能耗；实时监测，以自动方式采集的各分类、分项总能耗运行参数，并自动保存到相应数据库；实现对以自动方式采集的各分类、分项总能耗和单位面积能耗进行逐日、逐月、逐年汇总，并以坐标曲线、柱状图、报表等形式显示、查询和打印；对各分类、分项能耗（标准煤量）和单位面积能耗（标准煤量）进行按月、按年同比或环比分析。

（3）报警管理

负责报警及事件的传送、报警确认处理以及报警记录存档；报警信息可通过不同方式传送至用户。

4.6.3　BIM 技术在运维中的应用

1）传统运维管理模式

目前，常用的运维管理系统有计算机维修管理系统（CMMS）、计算机辅助设施管理

（CAFM）、电子文档管理系统（EDMS）、能源管理系统（EMS）以及楼宇自动化系统（BAS）等。尽管这些设施管理系统独立支撑设施管理系统，但各个系统信息相互独立，无法达到资源共享和业务协同。另外，建筑物交付使用后，各个独立子系统的信息数据采集需耗费大量的时间和人力资源。

2）基于 BIM 的运维管理

（1）数据集成与共享

建筑信息模型（BIM）集成从设计、建设施工、运维直至使用周期终结的全生命期内各种相关信息，包含勘察设计信息、规划条件信息、招投标和采购信息、建筑物几何信息、结构尺寸和受力信息、管道布置信息、建筑材料与构造等，为 CMMS、CAFM、EDMS、EMS、BAS 等常用运维管理系统提供信息数据，使得信息相互独立的各个系统达到资源共享和业务协同。

（2）运维管理可视化

调试、预防和故障检修时，运维管理人员经常需要定位建筑构件（包括设备、材料和装饰等）在空间中的位置，并同时查询其检修所需要的相关信息。一般来说，现场运维管理人员依赖纸质蓝图或实践经验、直觉和辨别力来确定空调系统、电力、煤气以及水管等建筑设备的位置。这些设备一般在天花板上、墙壁里面或地板下面等看不到的位置。从维修工程师和设备管理者的角度来看，设备的定位工作是重复、耗费时间和劳动力、低效的任务。在紧急情况下，或工作现场没有专业运维人员，如何实现快速准确的定位是十分重要的。运用竣工三维 BIM 模型可以确定机电、暖通、给排水和强弱电等建筑设施设备在建筑物中的位置，使得运维现场定位管理成为可能，同时能传送或显示运维管理的相关内容。

（3）应急管理决策与模拟

应急管理需要的数据都具有空间性质，它存储于 BIM 中，并可从中搜索到。通过 BIM 提供实时的数据访问，在没有获取足够信息的情况下，同样可以作出应急响应的决策。建筑信息模型可以协助应急响应人员定位和识别潜在的突发事件，并通过图形界面准确确定其危险发生的位置。此外，BIM 中的空间信息也可以用于识别疏散线路和环境危险之间的隐藏关系，从而降低应急决策制定的不确定性。根据 BIM 在运维管理中的应用，BIM 可以在应急人员到达前，向其提供详细的信息。应急响应方面，BIM 不仅可以培养紧急情况下运维管理人员的应急响应能力，也可以作为一个模拟工具评估突发事件导致的损失，并讨论和测试响应计划。

4.7 BIM 技术应用案例

4.7.1 案例 1：某大学实训中心

1）实践项目

建筑面积 10 000 m²；地下 1 层、地上 4 层，局部 5 层，框架结构；简单装修；使用功能：大学实训。

2）BIM 模型

该项目属于施工阶段的 BIM 应用,算量实践前已按施工总承包方要求搭建完模型。

模型搭建前,已按照 BIM 建模手册及土建施工管理中的应用点,规划 BIM 模型构件的命名标准。该项目构件命名分为 5 段制,如混凝土柱模型为 TADI-F3-KZ7-700X700-C30,其他所有建筑、结构构件命名类似(图 4.44、图 4.45)。

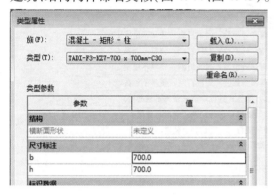

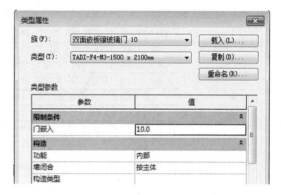

图 4.44　柱子构件命名方式　　　　　　图 4.45　其他构件命名方式案例

建筑、结构两个专业的大量构件具有各自特性,所以命名原则依照上述进行,但不拘泥于 5 段制。总的原则是:建模单位——楼层信息——构件类型信息——规格信息——强度信息等。

3）GFC 插件导出算量模型文件

用 Revit 软件打开该模型文件,利用附加模块中的导出 GFC 按钮,将 Revit 模型导出为"＊.GFC"格式的算量模型文件。

GFC 插件是广联达科技股份有限公司推出的一款基于 Revit 的插件,它是联系 Revit 模型与算量软件的桥梁,如图 4.46 所示内容。

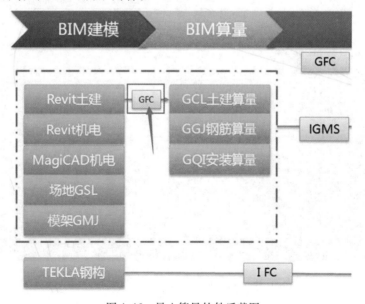

图 4.46　导入算量软件后截图

在 BIM 模型在导入 GFC 后，已结合算量规则，对模型进行智能匹配和自动处理，使模型更适合算量规则的需要。如有报错，可通过 ID 号，在 Revit 中进行查询定位，在 Revit 软件中进行修改，二次导入；也可在广联达软件中直接对模型进行修改（图4.47）。

导入后自动延伸
导入后自动延伸
导入后自动延伸
导入后自动延伸
导入后自动延伸
导入后Id为 1777 的图元和Id为 7517 的图元有部分重叠，对其打断，使其不重叠
导入后Id为 1775 的图元和Id为 7519 的图元有部分重叠，对其打断，使其不重叠
导入后Id为 1773 的图元和Id为 7521 的图元有部分重叠，对其打断，使其不重叠
导入后Id为 1771 的图元和Id为 7523 的图元有部分重叠，对其打断，使其不重叠
导入后Id为 6035 的板和Id为 6041 的板部分重叠，进行切割，使其不重叠
导入后Id为 6037 的板和Id为 6041 的板部分重叠，进行切割，使其不重叠
导入后Id为 6039 的板和Id为 6041 的板部分重叠，进行切割，使其不重叠
导入后自动延伸

图4.47　软件报错截图

4）模型浏览比对

在广联达 GFC 土建算量软件中打开导入的模型（图4.48），与 Revit 模型进行比对，发现有些部位两种软件的模型深度不同。例如：Revit 中对幕墙的分格，竖梃的材质、规格，嵌板的材质、规格都做了详细的设计表达；但导入广联达后，此幕墙仅仅表现为一个片状构件，仅有面积信息，但此深度已经满足造价需要。

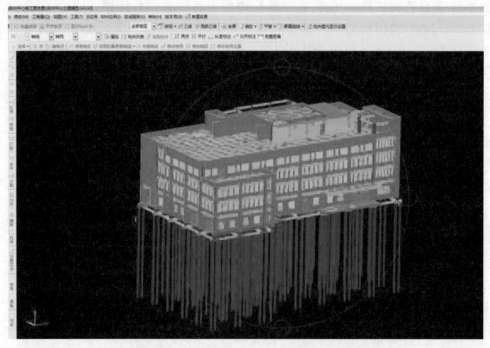

图4.48　GFC 土建算量软件打开模型截图

5）广联达土建算量

通过广联达土建算量软件的汇总计算功能，汇总模型计算工程量。如果导入时不做调整，在汇总计算出量之前，会有报错情况，大多数为模型重叠和交错，需要手动调整。

4.7.2　案例2:某大剧院

1）项目概况

某大剧院项目是一个集演艺、会议、展示、娱乐等功能为一体的大型文化综合体。用地面积共 196 633 m²，总建筑面积 271 386 m²，建筑高度 47.3 m，效果图如图 4.49 所示。

图 4.49　某大剧院夜晚效果图

2）项目难点

①形态复杂:水滴状的建筑体量给幕墙设计、结构设计、机电设计都带来一定的难度，基于复杂曲面进行多专业设计，必然需要 BIM 技术的介入与支持。

②可持续设计:剧院作为大型公共建筑，在提供观演功能服务的同时，有义务和责任为社会可持续发展做一份贡献。在设计过程中，华东建筑设计研究院总院充分利用 BIM 技术进行建筑的可持续性分析，用以优化设计。

3）解决方案

（1）基于 BIM 的参数化设计

在 BIM 软件中完成建筑外壳找形，标高、放样曲线、断面曲线均可由参数控制。确定建筑外壳后，依据结构设计形式在模型中构建结构中心线模型，为结构计算提供准确定位，其中立柱个数、位置、结构厚度等均为可调参数。结构形式和位置确定后，对幕墙进行菱形划分，其中菱形的长宽、大小均为可调参数。幕墙划分确定后，依据一定数学关系确定菱形开窗的位置和大小,大小为可调参数。由参数控制的建筑形体便于设计师依据专业分析结果,快速完成调整,高效、直观。

（2）基于 BIM 的结构分析

大剧院音乐厅、歌剧厅、戏剧厅、综合体等 4 个主体结构均以地下室顶板作为整个主体结构的嵌固端,各单体为框架-剪力墙结构体系,屋盖及外围护结构采用大空间钢结构（图 4.50）。

下部框架-剪力墙结构体系　　　　上部大空间钢结构　　　　　　　　主体结构模型

图 4.50　某剧院结构 BIM 模型

确认建筑造型 BIM 模型后,依据结构设计方案在 BIM 模型中构建结构中心线模型,为结构计算提供准确定位。先分别完成顶盖和主体结构中心线定位模型,然后整合形成钢结构模型。钢结构模型以 DWG 形式导入专业结构计算软件中进行计算,综合计算结果确定最终钢结构设计方案,完成 BIM 钢结构模型。

（3）基于 BIM 的视线分析

观演类建筑尤为关键的是观众座位的视线分析,借助 BIM 软件参数化特性,将观众厅座位给予一定排布逻辑,同时通过编写计算规则,计算设计方案中每一个座位观众的水平视角、最大俯角。通过逻辑判断,找出不符合剧院设计规范的位置,为设计优化提供依据。通过参数的变换,及时进行布置的调整,求解到最佳座位布置方案（图 4.51）。

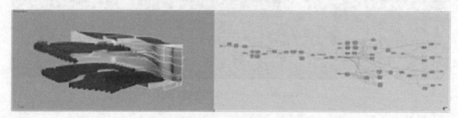

图 4.51　某剧院座位视线分析

（4）基于 BIM 的声学分析

为保证声学分析的准确性,通过已完成的观众厅 BIM 模型直接导入 Autodesk Ecotect 软件和声学软件中进行专业声学分析。在分析过程中,利用准确的 BIM 模型和一定的数据格式转换,能够在短时间内获得精确的声学分析结果,反馈到设计师手中进行调整。BIM 模型的重复利用性为项目实施节约了时间,提高了效率（图 4.52）。

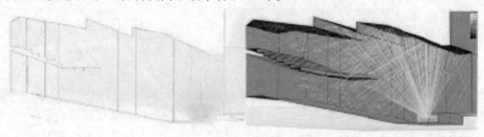

图 4.52　某剧院关联声波线图

（5）基于 BIM 的可持续设计

除实现高效的协同设计,BIM 也在可持续发展设计中发挥着重要的作用。借助 BIM 模型,设计师通过 Autodesk Vasari、Autodesk Ecotect Analysis、Autodesk Green Building Studio、Autodesk Simulation CFD 等专业分析软件,结合其他软件在方案设计阶段反复测试和分析设计方案的建筑性能,以完善设计方案,提高设计品质。图 4.53 所示为室外风环境分析结果。

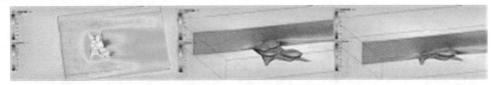

图 4.53　室外风环境分析

（6）基于 BIM 的消防性能化分析

利用 BIM 模型导入智能人员疏散软件中,添加疏散信息、人员信息,对消防性能化进行分析,验证疏散设计是否合理,确保火灾发生时人员能及时逃生,避免不必要的伤亡(图 4.54)。

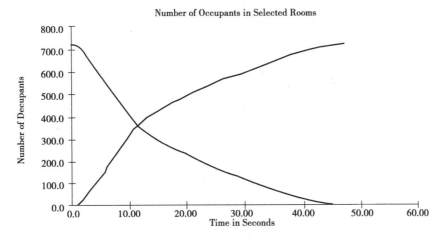

图 4.54　人员疏散分析图

4.7.3　案例 3:中国尊

1) 项目概况

"中国尊"项目位于北京市朝阳区 CBD 核心区中轴线上,总占地面积约 1.15 万 m²;总建筑面积为 43.7 万 m²,地上 35 万 m²、地下 8.7 万 m²,地上 108 层、地下 7 层;高度达 528 m,如图 4.55 所示。

该建筑是集超高、超大于一体的超级工程。因此,设计师已无法用常规的概念来实现建筑方案,设计上必须针对本工程特点建立一个科学合理、逻辑清晰、组织有序的总体设计框架。总体设计框架包括影响建筑形态、结构骨架、保障运行的基础性系统。总体设计框架构想以建筑的巨框结构和 10 个功能分区为前提条件。考虑规模、交通、消防、安防、气象等因素,本建筑划分 5 个单元模块,如图 4.56 所示。

图 4.55　"中国尊"远景

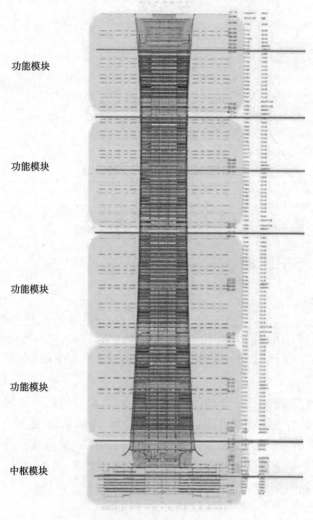

图 4.56　项目的模块划分概念

2)BIM 在建筑设计中的应用

①城市尺度的建筑造型研究。设计单位借助自身的 BIM 资料库提取出场地周边的单体信息和场地信息,建立一个完整的周边城市区域模型,并将 CBD 核心区地下公共空间的 BIM 模型进行共同整合。详实、完整的数据资料,使项目能从空间衔接、市政衔接、造型影响评价等各方面进行深度控制,如图4.57 所示。

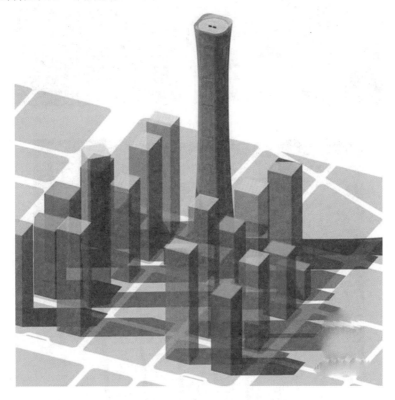

图4.57　城市尺度的建筑造型研究

设计过程中,项目通过先进的计算流体动力学技术进行模拟分析,对塔楼造型进行优化,同时也对场地的环境设计提供一定的技术支持。

②塔基和塔冠空间造型研究。塔楼在入口处,作为"中国尊"在街道尺度的标志性表达,特意采用复杂曲面的挑檐处理手法。这样既创造了丰富的空间效果,又为城市公民提供一个舒适的公共空间(图4.58),建筑处理与场地景观的精妙设计,让公众产生独特的场所体验。而塔冠处更是为市民提供 360°的北京全景观景平台,建成后将成为世界最高的公众观光平台(图4.59)。

3)BIM 在结构设计中的典型应用

整个塔楼呈中部明显收腰的造型处理,也对塔楼的结构体系产生重要影响。为能对结构体系和结构构件进行精确的建筑描述,特为"中国尊"量身定制几何控制系统。几何控制系统控制塔楼整个结构体系造型需求,同时也对建筑幕墙及其他维护体系进行精确描述。几何控制系统以最初的建筑造型原型抽离出典型控制截面,以这些截面为放样路径,将经过精确描述的几

图 4.58　塔基造型处理

图 4.59　观光平台空间效果

何空间弧线进行放样,由此产生基础控制面。以基础控制面为基准,分别控制产生巨柱、斜撑、腰桁架、组合楼面等构件,进而产生整个结构体系(图 4.60)。以这种方式产生的结构体系,在建筑师和结构工程师密切配合下进行,充分满足了建筑的造型需求,同时也实现了结构安全所需要的全部条件,为"中国尊"项目设计与建设提供最重要的技术保障。

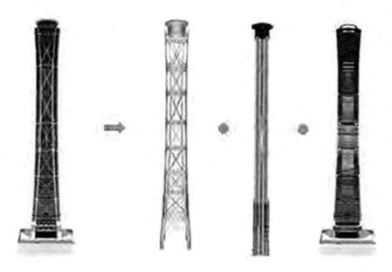

图4.60　几何控制系统生成的"中国尊"结构体系

4)BIM在机电设计中的典型应用

"中国尊"的机电系统设计有独有的特点。在竖向分区中,各区之间设有设备层,集中作为机电设备安放位置,同时在地库中也设有大量的核心机电用房。整个项目的机电设计大致可以分为两部分:

①地库核心以Revit作为BIM平台,对各种机电信息进行及时录入,让模型即时地反映各种机电情况,为机电综合工作的展开创造优越条件。

②B007层的机电情况非常复杂,而层高相对较小,通过梳理各种机电管线,在保证满足各种机电系统安装、运行的情况下,依然创造出可作为库房的空间,使项目对业主的价值最大化(图4.61)。

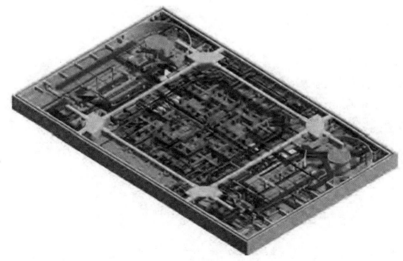

图4.61　B007层机电综合的阶段成果

4.7.4　案例4:360度全景交互式房地产室内展示系统

1）项目背景

"房屋展示"是房地产销售的重要环节,购房者可以实地参观、了解房屋的建筑风格和户型结构,从而为购买决策提供参考。传统的房地产展示主要采取实景沙盘、图文展板和装修样板间等手段。这些手段普遍存在展示效果不够直观、展示成本较高、购房者体验感较差等缺点。

为改进房地产企业在销售过程中传统的展示模式,为购房者提供更加良好的购房体验,将BIM技术和虚拟现实技术(简称VR技术)结合,研发出"360度全景交互式房地产室内展示系统"。

该系统可以为用户提供与实际住宅完全相同的虚拟环境,购房者借助相关设备,可以拥有身临其境的现场感受,获得如同参观真实房屋一般的视觉、听觉甚至触觉效果。借助这套系统,购房者可以在短时间内参观更多的户型,还可以根据自己的喜好对户型结构、室内装潢等内容进行个性化定制,并看到直观效果。

2）项目思路

①了解项目概况:明确所要达到的仿真目标,并选定系统的硬件环境与软件平台。

②准备数据:整理建筑图纸和装饰图纸,与设计师沟通确认最终数据。

③Revit建模:按照图纸,使用Revit软件创建建筑信息模型。

④模型信息优化:为获得更好的运行性能,将模型导入UE4软件,优化构件数量并重新组织模型数据库的层级关系。

⑤UE4虚拟现实交互环境建立:利用UE4软件和其可视化编程技术创建场景交互内容,实现虚拟漫游、个性化室内装潢定制。

⑥将文件打包生成".exe"格式文件。

为实现该系统需要两个软件:一个是Revit软件,它由Autodesk公司开发,是BIM技术的基础建模软件,也是我国建筑业BIM体系中使用最广泛的软件之一;另一个是Unreal Engine 4(简称UE4),是Epic Games公司开发的游戏引擎,可提供无限趋近真实环境的空间效果,同时具备物理学碰撞功能,是目前常用的虚拟现实制作软件。本系统的设计路线如图4.62所示。

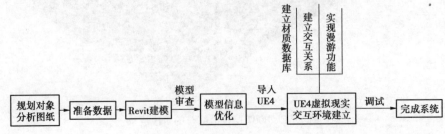

图4.62　系统设计路线图

3)使用技术

①高精度建模技术:根据 CAD 二维图纸快速建立三维建筑信息模型,模型精度为LOD500 级。

②虚拟现实室内装潢定制:使用 UE4 平台建立家具、设备库和材质库,以实现家居个性化定制。

③虚拟现实室内漫游:使用 UE4 平台可视化编程实现漫游以及与室内陈设布置的交互。

4)主要指标

①360°全方位漫游:用户可在虚拟环境内浏览房间内任何区域,体验和真实环境无异,佩戴虚拟现实眼镜效果更佳。

②室内装潢个性化定制:实现房地产项目室内装潢展示,客户可根据个人需求进行实时虚拟化布置和定制。

③室内快速定位:用户可通过辅助平面图以及定位按键实现不同房间之间的快速定位与切换。

④"零"学习成本:系统安装和使用简便,操作方式与传统游戏操作方式无异,并配有简要操作说明,学习成本几乎为"零"。

5)系统先进性

(1)展示效果更加直观生动

①传统方式:房地产开发商在营销方面多采用展示房屋平面图,制作建筑沙盘模型。缺点:二维图纸不够直观,用户难于把握真实空间感受;沙盘模型虽然相对直观,但占用空间,不便移动,价格较高。

②本系统的实现方式:构建虚拟现实场景,提供 360°全方位的空间漫游展示,用户可以直观感受房间布局,企业能将户型特点直观地呈现给用户,将对用户决策起到更大的帮助。

(2)创造人与空间的互动

①传统方式:越来越多的房产企业推出精装房,在营销环节势必要建设多个样板间以满足细节和装潢展示需求。缺点:建设样板间经济成本和时间成本较高,形式单一,同时接待的客户人数有限,不能满足各类客户对装潢形式的需求。

②本系统的实现方式:用户在室内漫游时,可以和室内各类家具电器发生互动(如开关门、开关灯等),同时针对装潢和家具摆设可以直接按用户的意愿进行修改,进行定制化服务,做到一套系统满足万千客户。

(3)系统使用方便,学习成本低

①该系统安装方便,实现一键安装,适配目前流行的 Windows 系统,未来还可以适配安卓系统和 IOS 系统。

②系统操作简便,自带简要操作说明,和传统第一人称视角游戏操作相同,实现操作学习成本为零。

③系统操作设备多样化,可使用鼠标键盘、游戏手柄、触控屏、VR头盔设备进行操作。

6) 模拟使用场景

地点:某楼盘售楼部。

使用人:销售顾问、购房者。

销售顾问先结合图纸和模型为购房者介绍大致情况,再引导购房者来到装有系统的电脑前,采用虚拟眼镜或电脑屏幕引导购房者参观各户型。从样板间入口开始(图4.63),系统采用第一人称视角,界面右上角(红色框内)是户型平面图,客户可根据自己需要直接点选进入指定房间预览,或点选左下角"定位"图标直接定位到特定房间,如图4.64所示。

图4.63　系统展示基本界面

图4.64　室内快速定位

客户在室内可随意漫游,看到真实的空间、装潢效果和室外的环境,如图4.65所示。

客户可根据自身需求对装潢进行个性化定制(包括材质和式样),如图4.66、图4.67所示。

图 4.65 室内漫游效果

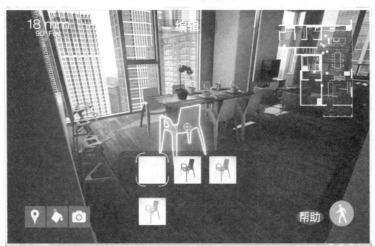

图 4.66 家具虚拟定制

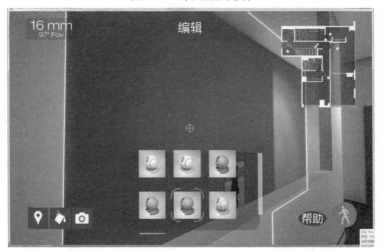

图 4.67 墙体材质定制

【思考练习】

1. 在采用 BIM 技术时,建筑设计的方式发生了哪些改变?

2. BIM 技术在结构设计中的优势有哪些?

3. BIM 技术在 MEP 设计中的优势有哪些?

4. 什么是智能建造? 它与传统的建造方式有哪些不同?

5. 智能建造的优势有哪些? 请自行查阅资料,讨论 BIM 技术在未来将会如何发展。

第5章 BIM 的未来展望

BIM 技术的普及、多维度应用将大大缓解国内项目管理的两大挑战:项目管理人力资源紧缺和管理技术瓶颈。

BIM 技术的核心能力体现在以下 3 个方面。

①将工程实体成功创建为一个具有多维度结构化数据库的工程数字模型。这样的工程数字模型可在多种维度条件下快速实现创建、计算、分析等,为项目各条线的精细化及时提供准确的数据。

②数据对象精度可以达到构件级。钢筋专业甚至可以一根钢筋为对象,达到更细的精细度。BIM 模型数据精细度足够高,可以让后续分析数据的功能变得更强,能做的分析就更多,是项目精细化管理的必要条件。

③BIM 模型同时成为项目工程数据和业务数据的大数据承载平台。BIM 是多维度(≥3D)结构化数据库,项目管理相关数据在 BIM 关联数据库中,借助 BIM 的结构化能力,不但使各种业务数据具备更强的计算分析能力,而且还可以利用 BIM 的可视化。实质上,BIM 是一个工程项目高细度的数据库,它将传统 2D 建造技术(平面工程蓝图、2D 报表、纸介质表达)升级到 3D 建造技术,大幅提升项目管理的数据处理能力。

5.1 BIM 市场需求预测

5.1.1 BIM 发展的必然性

1)政策推动

近年来,国家及各省市相继出台政策推动 BIM 技术应用,BIM 技术发展及人才也正顺应趋势蓬勃发展。

(1)中华人民共和国住房和城乡建设部

2011 年 5 月 20 日,住建部发布《2011—2015 年建筑业信息化发展纲要》。要求:"十二五期间,基本实现建筑企业信息系统的普及应用,加快建筑信息模型(BIM)、基于网络的协同工作等新技术在工程中的应用,推动信息化标准建设,促进具有自主知识产权软件的产业化,形成一批信息技术应用达到国际先进水平的建筑企业。"

2013 年 8 月 29 日,住建部发布《关于征求关于推荐 BIM 技术在建筑领域应用的指导意见(征求意见稿)意见的函》。指出,2016 年以前政府投资的 2 万平方米以上大型公共建筑以及省报绿色建筑项目的设计、施工采用 BIM 技术;截至 2020 年,完善 BIM 技术应用标准、实施指南,形成 BIM 技术应用标准和政策体系;在有关奖项,如全国优秀工程勘察设计奖、鲁班奖(国家优质工程)及各行业、各地区勘察设计奖和工程质量最高的评审中,设计应用 BIM 技术的条件。

2014 年 7 月 1 日，住建部发布《关于推进建筑业发展和改革的若干意见》。要求，推进建筑信息模型（BIM）等信息技术在工程设计、施工和运行维护全过程的应用，提高综合效益，推广建筑工程减隔震技术，探索开展白图代替蓝图、数字化审图等工作。

2015 年 6 月 16 日，住建部发布《关于推进建筑信息模型应用的指导意见》。政策要点：

①到 2020 年末，建筑行业甲级勘察、设计单位以及特级、一级房屋建筑工程施工企业应掌握并实现 BIM 与企业管理系统和其他信息技术的一体化集成应用。

②到 2020 年末，以下新立项项目勘察设计、施工、运营维护中，集成应用 BIM 的项目比率达到 90%：以国有资金投资为主的大中型建筑；申报绿色建筑的公共建筑和绿色生态示范小区。

（2）各省市相关部门

2014 年 4 月 10 日，辽宁省住房和城乡建设厅发布《2014 年度辽宁省工程建设地方标准编制/修订计划》。

2016 年 2 月 19 日，沈阳市城乡建设委员会文件发布《推进我市建筑信息模型技术应用的工作方案》。

2014 年 5 月，北京质量技术监督局/北京市规划委员会发布《民用建筑信息模型设计标准》。

2014 年 7 月 30 日，山东省人民政府办公厅发布《山东省人民政府办公厅关于进一步提升建筑质量的意见》。

2014 年 9 月 16 日，广东省住房和城乡建设厅发布《关于开展建筑信息模型 BIM 技术推广应用工作的通知》。

2014 年 10 月，陕西住房和城乡建设厅发布《陕西省级财政助推建筑产业化》。

2014 年 10 月 29 日，上海市人民政府办公厅发布《关于在本市推进建筑信息模型技术应用的指导意见》。

2015 年 6 月 17 日，上海市城乡建设和管理委员会发布《上海市建筑信息模型技术应用指南（2015 版）》。

2015 年 5 月 4 日，深圳市建筑工务署发布《深圳市建筑工务署政府公共工程 BIM 应用实施纲要》《深圳市建筑工务署 BIM 实施管理标准》。

2016 年 1 月 14 日，湖南省人民政府办公厅发布《关于开展建筑信息模型应用工作的指导意见》。

2016 年 1 月 12 日，广西壮族自治区住房和城乡建设厅发布《关于印发广西推进建筑信息模型应用的工作实施方案的通知》。

2016 年 3 月 14 日，黑龙江省住房和城乡建设厅发布《关于推进我省建筑信息模型应用的指导意见》。

2016 年 4 月 27 日，浙江省住房和城乡建设厅发布《浙江省建筑信息模型（BIM）应用导则》。

2）BIM 改变传统"施工变更管理"

BIM 应用于施工变更管理的关键是流程的再造，将变更管理流程由传统的低效、周期长、成本高改造成高效、时效性的动态控制，有序管理，将更能发挥 BIM 的价值。

设计变更直接影响工程造价,施工过程中反复变更会导致工期和成本的增加,而变更管理不善导致进一步的变更,使得成本和工期目标处于失控状态。BIM 应用有望改变这一局面。

美国斯坦福大学整合设施工程中心(CIFE)根据对 32 个项目的统计分析总结了使用 BIM 技术后产生的效果,认为它可以消除 40% 预算外更改。可视化建筑信息模型更容易在形成施工图前修改完善,设计师直接用三维设计更容易发现设计错误,修改也更容易。三维可视化模型能准确再现各专业系统的空间布局、管线走向,专业冲突一览无遗,可提高设计深度,实现三维校审,大大减少"错、碰、漏、缺"现象,在设计成果交付前消除设计错误,减少后续的设计变更。

BIM 还能增加设计协同能力,更容易发现问题,从而减少各专业间冲突。一个工程项目设计涉及总图、建筑、结构、给排水、电气、暖通、动力,以及幕墙、网架、钢结构、智能化、景观绿化等,它们之间如何协同作业?用 BIM 协调流程进行协调综合,不合理方案或问题方案也就不会出现,使设计变更大大减少。BIM 技术可以做到真正意义的协同修改,大大节省开发项目的成本。BIM 技术改变以往"隔断式"设计方式、依赖人工协调项目内容和分段交流的合作模式而变成平行、交互的方式。单个专业的图纸本身发生错误的比例较小,设计各专业之间、设计和施工之间不协调是设计变更的主要原因。而通过 BIM 应用的协调综合功能可以解决这些问题。

在施工阶段,即使发生变更,采用共享 BIM 模型管理,可以实现对设计变更的有效管理和动态控制。通过设计模型文件数据关联和远程更新,建筑信息模型随设计变更而即时更新,消除信息传递障碍,减少设计师与业主、监理、承包商、供应商间的信息传输和交互时间,从而使索赔签证管理更有时效性,实现造价的动态控制和有序管理。

3)BIM 应用解决疑难问题

(1)案例1:天津大学新校区

天津大学新校区总投资超过 40 亿元,位于天津"双城相向拓展"的中心区域——津南海河教育园区(图 5.1)。建设者们通过应用 BIM 技术,为这所大学建造精美的场馆,也为 BIM 技术应用提供了宝贵的经验。

图 5.1 天津大学新校区

室内与室外、地面与屋面一体的"运动综合体"将各类运动场地空间依其平面尺寸、净高及使用方式,以线性公共空间串联,空间规整而灵活。一系列用于屋顶和外墙的直纹曲面及圆弧形状的混凝土拱带来大跨度空间和高侧窗采光,并形成沉静而多变的建筑轮廓。这就是天津大学新校区地标建筑——综合体育馆,由毕业于天津大学、鸟巢中方总设计师李兴钢亲自设计。

精致的贝壳屋顶、高大的锥形柱、充满现代感的V形柱和曲面凸起墙体等"身材"庞大的异形构件大多要求一次性浇筑完成，又无法通过二维图纸精确表述截面尺寸和结构变量，施工极为困难。

面对"天大"的难题，BIM团队采用BIM技术破解了薄壁锥形柱、拱形屋面、贝壳屋面、波浪形屋面、Y形柱、曲面凸起墙体等异形结构难题。

应用BIM技术可以解决CAD二维图纸无法描述的构件截面尺寸及结构变量，通过深化设计让施工人员能直观地看到异形结构所需的工程材料、方位，能够精准算出工程所需材料，提高人、材、机的综合调配效率，节约工期。

团队利用BIM模拟三维动画对现场施工人员进行可视化交底，指导施工，共享建造过程数据。BIM团队将整块的"硬骨头"化整为零，将异形结构分成7大块，3组人员明确分工，同时创建标准样板用于施工建模，大大提高建模速度。

天津大学新校区图书馆项目的复杂程度超乎想象，如何节省时间、提高效率成为解决问题的关键。搭建BIM信息平台是该项目的一大亮点。BIM信息平台实现远程多专业间协同设计数据的实时传输，帮助工程师以及深化设计小组协同工作，保证整个项目的顺利进行。

整个项目的深化设计小组利用BIM信息平台开始共同完成项目设计建模阶段：工程师在同一个结构层，各司其职，在共同协作的同时不断更新数据，极大提高绘图和建模的效率。

不仅如此，该项目还实现施工现场进度、安全、质量状况的影像数据与模型数据实时相互传输的功能。借助现场监控实时影像与BIM模型文件对比，也可以辅助现场质量管理。最重要的是实时监控，有利于控制重点部位的安全施工监控。

在施工阶段，图纸中很多相关基础数据的缺失和无法明确显示，让工程师手足无措。该项目在建模阶段项目过大，在建模的过程中采取分专业、分系统、分文件的细分建模。具体方式为搭建OA管理系统平台和利用Server-U搭建该项目FTP平台。一个是设计部方案研讨平台，主要为BIM 3D协同提供服务；一个是项目管理平台。项目管理平台产生的文件和信息链接到设计部方案研讨平台的3D图形中，而项目管理平台形成的决议又反过来修正BIM 3D模型的方案。两个平台互相支持、互相关联，解决了后期模型信息量过大导致绘制操作无法进行的问题。

BIM技术使参与各方主体协同工作，使得整个工作组的工作效率大大提高，第一时间解决出现的问题，图书馆项目顺利进行。

（2）案例2：日本邮政大厦

日本东京的新摩天大楼——日本邮政大厦，地下3层，地上38层，建筑面积21.2万 m^2，位于东京站旁。新大楼将容纳东京中央邮政局、学术和文化的博物馆、商业设施KITTE、零售广场的近百家商店和餐馆、国家的最先进的商务办事处。

优化原始平面设计，BIM模型直接出图。模型根据设计院提供的初步设计图纸及业主要求进行三维图纸的深化设计，建立智能化系统专业模型，模型精度符合LOD300（精确几何形态要求）。建模过程中，通过三维校审及时发现图纸问题。本项目设计内容涉及各个专业的各种管线，通过分组的方式原始图纸进行BIM深化后，将各系统的管线进行碰撞检测，以检查出可能出现的碰撞问题，并据此优化管线相应的标高和布置。

本项目空调系统、给排水系统如图5.2、图5.3所示。

本项目中，BIM技术对于机电系统有以下作用：

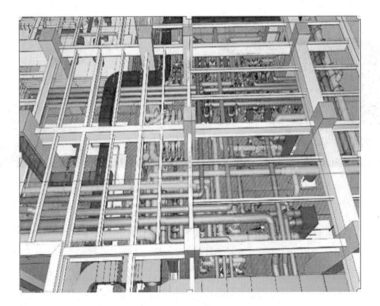

图 5.2　空调系统

图 5.3　给排水系统

①减少图纸内的管线冲突。

②运用 BIM 模型可视化辅助机电作业协同。

③通过 BIM 施工模拟定义机电、结构和建筑作业之间的关系。

④有利于建立机电模型构件的施工标准。

⑤提高施工图面与数量表的一致性。

⑥有效管控现场工作组的工作进度。

利用 BIM 模型的工程量统计指导施工,以调整完成的最终版施工图为基础。通过相应功能自动生成工程量清单,准确反映实际工程情况,为施工环节提供合理化参考。

(3)案例 3:BIM 在交通领域应用

迪士尼所在的上海国际旅游度假区星愿公园边,南侧蜿蜒起伏的木栈道伸向湖的尽头,两座弧形曲线景观桥,宛如飘逸的丝带,飞扬在碧水蓝天间;又如美丽的彩虹,飘逸在碧波荡漾的湖面上。两座桥还分别有着梦幻般的名字:奇缘桥、奇幻桥(图5.4)。

图5.4 奇缘桥、奇幻桥

这可不是一般的桥。这两座桥均由主副桥拼合而成,主桥宽 6 m,副桥宽 3 m。副桥桥面竟是透明的玻璃,走在上面,仿佛临空踏浪!主副桥是半径不同的圆形曲线,只在中间部位通过踏步拼合连接;主副桥的起坡高度与坡度也不相同,行走时会有一种动态变化的视觉体验。

这是中国首创的空间曲梁单边悬索桥,因其在主桥宽度上超过了目前世界上的同类桥梁,同时还有复杂的主副桥拼合结构,成为世界同类桥型中的第一。奇缘桥、奇幻桥在横向、纵向、竖向 3 个维度均是曲线,在设计建造过程中相当复杂。桥梁的很多构件和节点,如采用传统的二维图纸,将难以准确表达,甚至无法表达,而借助 BIM 技术,不仅准确解决桥梁空间复杂结构的表达问题,还能节约工程造价,提高工程质量。

5.1.2 当前 BIM 市场现状

BIM 在建筑业的运用服务于项目的整个周期,为建筑的各项工作提供便利流畅的平台。现阶段的 BIM 处于不断完善整合的状态中,BIM 作为目前策划最有效的辅助工具,将会得到越来越广泛的应用,发展前景十分美好。

1)工程管理应用

（1）传统工程管理框架

传统工程管理的方式中,管理信息相互独立,各方和投资建设方的关系为单一映射,彼此之间无交叉联系或联系不密切,数据信息共享过程有延迟,信息不对称,容易引发管理问题从而影响项目进度,如图5.5 所示。

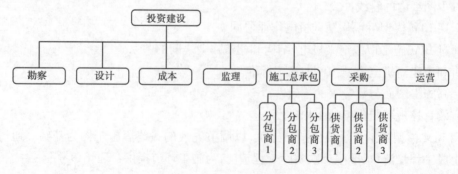

图5.5 传统工程管理关系框架

管理模式采取过程控制和事后监督。

尽管有合同约定,建设工程质量责任主体也明确,但各专业设计图纸都是独自完成未进行交叉会审,设计阶段图纸往往有很多问题。现场施工时会出现较多的变更,还可能违反规范,出现设计事故。

即使施工准备阶段有深化设计,也只是在二维图纸上解决,无法从空间上协调排布管线设备等。

(2)BIM信息化工程管理框架

BIM信息化工程管理可以将参与各方人员统筹到一个平台,通过模型信息的状况反映项目进度,获得相应权限的参与方可以通过BIM管理平台快速查看项目。小问题尽量在小范围和线上平台解决;重大问题需要沟通的,可以快速组织项目协调会议,及时解决问题。

BIM适用于设计阶段和施工准备阶段,保证项目优化在前、施工在后。根据虚拟现实技术,将传统项目的过程控制模式转变为事前判断控制模式,将事后监督模式转变为事中监督模式(图5.6)。

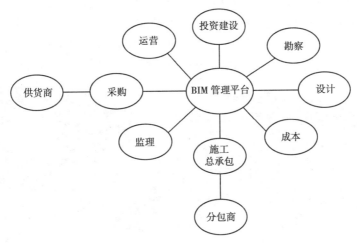

图5.6 BIM信息化工程管理关系框架

2)目前BIM应用主要实现的功能

(1)可视化

可视化即"所见所得"的形式。BIM提供可视化的思路,将以往的线条式的构件形成一种三维直观立体实物图形展示在人们的面前(图5.7)。

建筑设计效果图只体现设计意图的表现而不具有真实建造的意义,然而BIM可视化是一种能同构件之间形成互动性和反馈性的可视。

BIM建筑信息模型中,整个过程都是可视化的,所以可视化的结果可以展示效果图及生成报表,更重要的是,项目设计、建造、运营过程中的沟通、讨论、决策都在可视化的状态下进行。

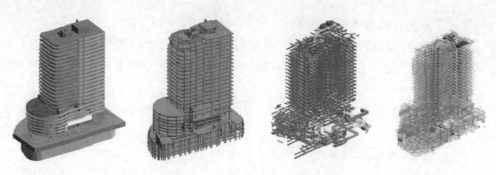

图 5.7　中国金融信息中心可视化

（2）协调性

所有涉及人的工作都需要沟通，这是工程建设中的重点内容。项目实施过程中如果遇到问题，需要协调有关参与方一起查找和解决问题，其时间成本、人力、物力耗费很大。

BIM 技术可在建筑物建造各阶段通过虚拟建造的手段对各专业的设计问题提前预判，小问题小范围解决，重要问题重点协调，同时借用可视化减少沟通成本并及时解决问题。

这类问题主要有各专业碰撞问题、净高控制问题、电梯井布置与其他设计布置问题、防火分区与其他设计布置问题、地下排水布置与其他设计布置问题等。图 5.8 所示为某综合体项目管线通路复杂处，局部空间管线通路走向复杂不合理，协调得出管线解决方案。

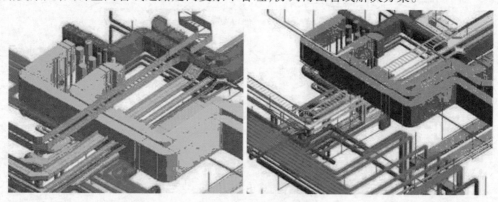

图 5.8　管线通路复杂处

（3）模拟性

模拟性不仅表现在能模拟建筑物模型，还可以模拟不能在真实世界中进行操作的事物。在设计阶段，BIM 可以对设计上需要进行模拟的一些东西进行模拟实验，如节能模拟、紧急疏散模拟、日照模拟、热能传导模拟等；在招投标和施工阶段可以进行 4D 模拟（三维模型＋项目的发展时间），即根据施工的组织设计模拟实际施工，从而确定合理的施工方案以指导施工；还可以进行 5D 模拟（基于 3D 模型的造价控制），实现成本控制；后期运营阶段可以模拟日常紧急情况的处理方式的模拟，如地震人员逃生模拟及消防人员疏散模拟等。

（4）优化性

整个设计、施工、运营的过程是一个不断优化的过程，BIM 是设计优化的必要非充分条件。优化受信息、复杂程度和时间的制约。

没有准确的信息做不出合理的优化结果，BIM 模型提供建筑物实际存在的信息，包括几何信息、物理信息、规则信息,还提供建筑物变化以后实际存在。复杂程度达到一定程度后,参与人员无法掌握所有的信息,必须借助一定的科学技术和设备的帮助。

现代建筑物的复杂程度大多超过参与人员的能力极限,BIM及与其配套的各种优化工具创造了对复杂项目进行优化的可能性。

基于BIM技术可以对项目方案优化,把项目设计和投资回报分析结合起来,设计变化对投资回报的影响可以实时计算出来。这样,业主对设计方案的选择不会仅停留在对形状的评价,而可以使业主知道何种项目设计方案更有利于自身的需求。

(5)可出图性

BIM并不是为出建筑设计图纸及一些构件加工图纸,而是通过对建筑物进行可视化展示、协调、模拟、优化以后,可以帮助业主出如下图纸。

①综合管线图(经过碰撞检查和设计修改,消除了相应错误以后)。

②综合结构留洞图(预埋套管图)。

③碰撞检查侦错报告和建议改进方案。

3)各阶段的BIM应用

(1)设计阶段的BIM应用

①建筑性能模拟分析。通过专业的分析软件,建立分析模型,对建筑物的可视度、采光、通风、人员疏散、碳排放等进行分析模拟。

②参数化找形。利用BIM技术对复杂项目的建筑外形进行数字化设计,通过参数的调整反映建筑形体。

③建筑可视化。替代原有二维技术,把建筑物所有构件形成一种三维的立体实物图形展示,同时对空间进行合理性优化。

④设计校审。审核设计图纸,查找方案设计缺失,提升各专业协同能力。

⑤虚拟现实。模拟建筑物的三维空间的虚拟世界,以漫游、动画的形式提供身临其境的视觉和空间感受。

⑥三维管线综合。实施碰撞检查,完成建筑设计图纸范围内各种管线的布设位置及与建筑、结构平面布置和竖向高程相协调的三维协同设计工作,实现管线综合"零碰撞"。

⑦净空优化。对建筑物最终的竖向设计空间进行检测分析,并给出最大的净空高度。

⑧3D施工图。通过剖切三维BIM设计模型,并辅以二维绘图修正,辅助设计师快速实现平、立、剖等二维绘图、设计以及满足规范的各种图纸表达。

⑨施工指导配合。提取三维图像和构件信息等指导施工现场,消除对图纸的误解,控制材料成本,减少施工中的浪费。

⑩三维工程量(图模量一体化)。区别于传统图纸体量,这是基于BIM优化后的三维模型统计工程量。

(2)成本控制阶段的BIM应用

项目成本管控是一个全过程管理,也是一项多部门、多环节的复杂活动。但从目前成本管控工作来看,工程造价类软件主要针对"量"和"价"两部分业务的设计和应用。现阶段的业主成本管控经常出现项目目标成本管理失控、过程管理中设计变更失控、招采漏项严重、竣工结算时结算资料不全面、施工过程不清晰等问题。

而基于 BIM 的造价成本管理，可将 BIM、设计、成本、施工耦合，贯穿于项目的全生命周期。将建筑物信息模型同建筑工程的管理行为模型完美组合，从而提高行业效率，实现项目目标成本的管控。从 BIM 技术的特点来看，BIM 可以提供涵盖项目全生命周期及参建各方的各类数据库的积累，基于统一的信息模型，进行协同共享和集成化的管理。

对工程造价行业，可以使各阶段数据流通，方便实现多方协同工作，为实现全过程、全生命周期造价管理以及全要素的造价管理提供可靠的基础和依据。

（3）施工阶段的 BIM 应用

应用 BIM 整合现场：BIM 模型的虚拟建筑 + 实际的施工或管理现场 = 操控现场施工。

施工阶段的 BIM 应用主要包括以下 5 个方面。

①现场指导：利用 BIM 模型和 3D 施工图进行施工指导。

②现场跟踪：利用激光扫描、GPS、移动通信、RFID 和互联网等技术和项目的 BIM 模型进行现场跟踪，确保施工期间不发生重大事故（如火灾），并提供准确、直观的 BIM 数据库。

③造价管理：通过 BIM 模型，得到最准确的工程基础数据，将工程基础数据分解到构件级、材料级，有效控制施工成本，实现全过程的造价管理。

④进度管控：BIM 可以对施工的重点或难点部分进行可见性模拟和分析，发现进度偏差可随时进行调整，实时掌控施工进度，提高进度计划的可执行性。

⑤数据共享：通过 BIM，可以轻松完成工程数据的共享和重复利用，做到真正意义上的施工现场—项目部—子分公司—集团公司的基层到高层信息共享。

（4）运维阶段的 BIM 应用

通过平面图、效果图、建筑模型等各种信息和相关软件的结合，能对建筑物的能耗、折旧、安全性等进行预测，并把物业使用、维护、调试情况记录在册，同步提供有关建筑使用情况或性能、入住人员与容量、建筑已用时间、建筑财务、建筑的物理信息（完工情况、承租人或部门分配、家具和设备库存）和关于可出租面积、租赁收入或部门成本分配的重要财务数据。

4）BIM 在工程应用中存在的问题

①基于我国国情，BIM 技术的运用得不到广泛运用，推广的环境不成熟。我国也缺乏对 BIM 技术的应用标准和法律界限，导致在运用 BIM 时受到很多限制。国内专家一致认为，没有完善的体制、规范和标准是导致 BIM 技术得不到推广的最主要原因。政府应加大对 BIM 相关知识的宣传，制定相关的标准。

②BIM 在统筹运用时，没有得到有效的管理，处于松散的状态。在国内不同运行阶段都有不同的管理模式进行统筹管理，不同的 BIM 软件设计有不同的专业，这就需要不一样的管理方式。共同的协助管理是实现 BIM 技术的重要环节。

③在 BIM 执行的各个阶段成本和利益的分配不同，导致分配不相同，其主要原因是 BIM 技术在各个阶段发挥的作用不同。为制定双方的利益关系，BIM 的投入与利益回收应从建筑项目的周期进行分析，制定合理的成本与利益分配的方法，才能保证 BIM 技术在各个阶段产生最大的经济效益。

④在使用 BIM 技术时，需要投入大量的时间与资金来建立工作流程，同时还要培养具有

BIM 知识的技术人员,这三者需要同时进行才能确保工作的有序进行。建筑师与设计师之间的工作需相互协助完成,所以建筑理念要相同。要从 2D 转变到 3D 设计很不容易,要实现 BIM 技术的运用就需要设计师和建筑师转变意识。

目前,BIM 在工程应用中存在的问题是,迫切需要建立一套适合我国的 BIM 标准。因此,构建 BIM 的标准成为一项紧迫与重要的任务。所幸,政府已逐渐地开始重视 BIM 技术的运用。相信不久的将来 BIM 技术会普遍运用。

5.1.3　未来 BIM 市场模式预测

1) 管线综合 BIM + PPP 模式

截至 2016 年 9 月,国务院发布 3 份相关文件推进城市地下综合管廊的建设(表5.1)。

表5.1　国务院关于管廊建设的文件解读

文件名称	发布时间	主要内容
《国务院关于加强城市基础设施建设的意见》(国发〔2013〕36 号)	2013.9.6	1. 提出为确保到 2020 年全面建成小康社会,将用 3 年左右的时间,在全国 36 个大中城市全面启动地下综合管廊的试点工程,中小城市因地制宜建设一批综合管廊项目; 2. 新建道路、城市新区和各类园区地下综合管网应按照综合管廊模式开发建设
《国务院办公厅关于加强城市地下管线建设的指导意见》(国办〔2014〕27 号)	2014.6.3	1. 在 2015 年底完成城市地下管线的普查,建立综合管理信息系统,编制地下管线综合规划; 2. 力争用 5 年的时间,完成城市地下老旧管网改造,用 10 年左右的时间,建成较完善的地下管网体系,管网建设管理水平提高
《国务院办公厅关于推进城市地下综合管廊建设的指导意见》(国办发〔2015〕61 号)	2015.8.3	1. 到 2020 年,建成一批具有国际先进水平的地下综合管廊并投入运营; 2. 加快推进地下综合管廊建设,统筹各类市政管线规划、建设、运营和管理,鼓励创新投融资模式,推广运用政府和社会资本合作(PPP)模式; 3. 已建设的地下综合管廊区域,该区域的所有管线必须入廊,并对管廊采取有偿使用政策; 4. 国家鼓励相关金融机构加大对综合管廊建设的信贷支持力度,积极开展特许经营权、收费权和购买服务协议预期收益等担保创新类贷款业务

要达到表5.1 中文件内容的要求,从全国范围内的管廊建设量以及投资量来说,仅仅依靠政府自身的力量难以实现这样的设想与规划。从现实情况来看,管廊建设前期投入大,建设成本高,后期运维模式不成熟。因此在"国办发〔2015〕61 号"文中,国务院明确提出针对现实情况的解决方案,即提出推广运用政府和社会资本合作(PPP)模式。对社会资本来说,这会增加很多的投资机会。采用 PPP 模式的社会资本在管廊建设的债务以及融资成本上按照文件规定将

会有一定的下降。同时,对参与的企业自身会有一定的督促作用,促使企业精细化管理,减少建设和管理成本。

从技术层面来看,BIM 技术在将来综合管网的应用将大大超出人们的想象。因为,BIM 技术可以实现虚拟建造管廊的综合模型,实现管线的碰撞检查、管线空洞的预留;还可以对管线断面形式的选取做合理的对比分析,以及管廊建设尺寸套用都能进行有效的模拟。在 BIM 的综合管廊的三维模型中,可以提前规划入廊单位管线的预留位置,在模型中与实际建筑物中安装监测通风系统、照明系统、消防系统、有害气体检测系统、监控管理系统等,并实时收集、整理数据上传到后台公司管理云平台。在前期的可研及运维阶段,可以运用班信 PPP + BIM 技术测算平台分阶段测算风险因数、实时计算收入、财务指标实时对比分析,为决策者提供最具价值的判断指标并实现监控管理等。

2）BIM 运维

BIM 在设计、施工阶段的技术应用已经逐渐成熟,但在运维方面,应用 BIM 技术还是相对较少。

从整个建筑全生命周期来看,相对于设计、施工阶段的周期,项目运维阶段往往需要几十年甚至上百年,且运维阶段需要处理的数据量巨大。规划勘察阶段的地质勘察报告、设计各专业的 CAD 出图、施工各工种的组织计划、运维各部门的保修单等,如果没有一个良好的运维管理平台协调处理数据,会导致某些关键数据的永久丢失,不能及时、方便、有效地检索到需要的信息,影响数据挖掘及分析决策。因此,作为建筑全生命周期中最长的过程,BIM 在运维阶段的应用是重中之重。

（1）BIM 运维发展现状

BIM 运维是指运用 BIM 技术与运营维护管理系统相结合,对建筑的空间、设备资产等进行科学管理,对可能发生的灾害进行预防,降低运营维护成本。实践中,通常将物联网、云计算技术等将 BIM 模型、运维系统与移动终端等相结合,最终实现设备运行管理、能源管理、安保系统、租户管理等。

BIM 发展从设计行业开始,逐渐扩展到施工阶段。究其原因,无非是设计领域离 BIM 模型最近,BIM 建模软件比较易学,建模也相对简单;到施工阶段发现应用很难,涉及领域更广,协同配合难度也更大;进一步延伸到运维阶段的 BIM 应用实施困难更大,因为运维阶段往往周期更长,涉及参与方更多更杂,国内外现存可借鉴经验更少。

整体的 BIM 应用市场不成熟是重要原因之一。整体市场不成熟——没有相应的指导性规范,没有成体系的匹配型实施人才,没有明确的责权利细分规则,没有市场角色定位,更没有相关的市场运营机制,难免会导致运维市场的混乱。

（2）BIM 运维应用领域

①空间管理:主要应用在照明、消防等各系统和设备空间定位。获取各系统和设备空间位置信息,把原来编号或文字表示变成三维图形位置,直观形象且方便查找。例如:通过 RFID 获取大楼安保人员位置;消防报警时,在 BIM 模型上快速定位所在位置,并查看周边疏散通道和重要设备等。

其次,应用于内部空间设施可视化。传统建筑业信息都存在于二维图纸和各种机电设备操作手册上,需要使用时由专业人员去查找、理解信息,然后据此决策对建筑物进行一个恰当动作。利用BIM技术将建立可视化三维模型,所有数据和信息可以从模型中获取和调用。例如,装修时可快速获取不能拆除的管线、承重墙等建筑构件的相关属性。

②设施管理:主要包括设施装修、空间规划和维护操作。美国国家标准与技术协会(NIST)于2004年进行了一次研究,业主和运营商在持续设施运营和维护方面耗费的成本几乎占总成本的2/3,反映设施管理人员的日常工作烦琐费时。而BIM技术能提供关于建筑项目协调一致、可计算的信息,因此该信息非常值得共享和重复使用,且业主和运营商便可降低由于缺乏互操作性而导致的成本损失。此外,还可对重要设备进行远程控制。把原来商业地产中独立运行的各设备通过RFID等技术汇总到统一平台进行管理和控制。通过远程控制,可充分了解设备的运行状况,为业主更好地进行运维管理提供良好条件。

设施管理在地铁运营维护中起到重要作用,在一些现代化程度较高、需要大量高新技术的建筑,如大型医院、机场、厂房等,也会得到广泛应用。

③隐蔽工程管理。建筑设计时可能会对一些隐蔽管线信息没有充分重视,特别是随着建筑物使用年限的增加,这些数据的丢失可能会为日后的安全工作埋下很大的安全隐患。

基于BIM技术的运维可以管理复杂的地下管网,如污水管、排水管、网线、电线及相关管井,并可在图上直接获得相对位置关系。当改建或二次装修时可避开现有管网位置,便于管网维修、更换设备和定位。内部相关人员可共享这些电子信息,有变化则可随时调整,保证信息的完整性和准确性。

④应急管理:基于BIM技术的管理杜绝盲区的出现。公共、大型和高层建筑等作为人流聚集区域,突发事件的响应能力非常重要。传统突发事件处理仅关注响应和救援,而通过BIM技术的运维管理对突发事件管理包括预防、警报和处理。如遇消防事件,该管理系统可通过喷淋感应器感应着火信息,在BIM信息模型界面中会自动触发火警警报,着火区域的三维位置立即进行定位显示,控制中心可及时查询相应周围环境和设备情况,为及时疏散人群和处理灾情提供重要信息。

⑤节能减排管理:BIM结合物联网技术,使得日常能源管理监控变得更加方便。通过安装具有传感功能的电表、水表、煤气表,可实现建筑能耗数据的实时采集、传输、初步分析、定时定点上传等基本功能,并具有较强的扩展性。系统还可以实现室内温湿度的远程监测,分析房间内的实时温湿度变化,配合节能运行管理。在管理系统中,可及时收集所有能源信息,并通过开发的能源管理功能模块对能源消耗情况进行自动统计分析,并对异常能源使用情况进行警告或标志。

(3)BIM运维实现方式

BIM运维实现方式有两种:分步走、一步到位。

①分步走。第一步,建立BIM模型或数据库,第二步做BIM运维。可能第一步与第二步并不衔接,先得到一个具有相关数据接口和达到相关深度的BIM模型,积累基础数据,等到成熟时再实施第二步。

②一步到位。这类项目必须要有明确的运维目标和可实现途径。这一思路的局限性在于其适用范围,并不是所有项目都需要做BIM运维。

（4）BIM 运维发展展望

随着物联网技术的高速发展，BIM 技术在运维管理阶段的应用也迎来一个新的发展阶段。物联网被称为继计算机、互联网之后，世界信息产业的第三次浪潮。业内专家认为，物联网一方面可以提高经济效益，节约成本；另一方面，可以为全球经济的复苏提供技术动力。目前，美国、欧盟、日本、韩国等都在投入巨资深入研究物联网。我国也高度重视物联网的研究，工业和信息化部会同有关部门，在新一代信息技术方面开展研究，已形成支持新一代信息技术发展的政策措施及相关标准。将物联网技术和 BIM 技术相融合，并引入到建筑全生命周期的运维管理阶段，将带来巨大的经济效益。

5.2　BIM 新兴技术及应用

5.2.1　绿色建筑

1）绿色建筑的定义

绿色建筑强调的是在整个建筑生命周期中，在建造和使用流程上对环境负责（保护）和提高资源使用效率。绿色冠于建筑，意在把绿色生命赋予建筑，使建筑和生态系统紧密联系在一起。

目前，业界对绿色建筑的探索，只是刚刚开始，虽然 LEED 中针对各评分点提供一些明确的措施标准，但针对具体项目、地域特征等因素，仍需要有非常多的创新方法来达到更好的可持续效果。

绿色建筑并不等于节能建筑。绿色建筑强调对整个建筑生命周期的控制，而节能建筑仅着眼于运行阶段的能源消耗。除提高资源的使用效率外，绿色建筑还关注建筑对环境的全面影响。

由此可见，绿色建筑相比节能建筑，对自然资源的保护和可持续发展有着更大的外延。这也意味着，对建筑从设计到使用的全部阶段，绿色建筑有更高的要求。

2）绿色建筑与 BIM

真实的 BIM 数据和丰富的构件信息给各种绿色建筑分析软件以强大的数据支持，确保结果的准确性。目前，包括 Revit 在内的绝大多数 BIM 软件都具备将模型数据导出为各种分析软件专用的 gbXML 格式。

BIM 的某些特性（如参数化、构件库等）使建筑设计及后续流程针对上述分析的结果，有非常及时、高效的反馈。绿色建筑设计是一个跨学科、跨阶段的综合性设计过程，而 BIM 模型则正好顺应此需求，实现单一数据平台上各工种的协调设计和数据集中。同时，结合 Navisworks 等软件加入 4D 信息，使跨阶段的管理和设计完全参与到信息模型中来。

BIM 的实施将建筑各项物理信息分析从设计后期显著提前，有助于建筑师在方案，甚至概念设计阶段进行绿色建筑相关的决策。

从流程上来说，用 BIM 软件将需要进行绿色建筑相关分析的数据导出为 gbXML 文件，然后使用专业的模拟、分析软件进行分析，最后再导入 BIM 软件进行数据整合或根据分析结果进行必要的设计决策。

结合 BIM 进行绿色设计,已经是一个受到广泛关注和认可的系统性方案,也让绿色建筑进入一个崭新的时代。

3) 绿色建筑中的 BIM 应用

绿色建筑分析是绿色建筑设计中的重要环节,而当前的建筑模拟软件主要分为风环境、光环境、能耗和声环境等。不同的软件,其建模方式不一样,工程师对同一个项目要建立多个模型,浪费大量的时间。随着软件技术的不断发展,现在多种绿色分析软件提供兼容其他格式的接口。而 BIM 技术的出现,为只建立一个模型同时提供给多种软件进行分析成为可能,从而大大减少工程师的工作量。

【案例】某生态新城低碳体验馆

某生态新城低碳体验馆,建筑地上两层,高度 12.7 m,总建筑面积 15 595 m²,是集低碳展示馆、游客中心、景区管理中心、配套商业餐饮及会所为一体的综合体(图 5.9)。项目建设满足低碳技术展示、文化风俗展示、景区接待管理等需求。项目以绿色低碳为理念,将低碳技术、现代科技与生态景观有机结合,达到设计和运营三星级绿建标准。

图 5.9　项目效果图

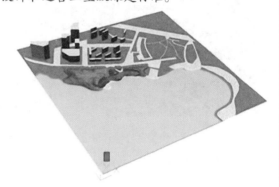
图 5.10　风环境模拟分析模型

(1)室外环境分析

①室外风环境。使用 Rhino 建立初步的建筑形体,为使建筑和景观结合,将建筑屋顶设计为随地形起伏的双曲面,将双曲面屋顶导入 Revit 搭建初步的建筑结构模型(图 5.10)。根据初步建筑模型导出 sat 格式文件,周边场地模型采用 Sketchup、Rhino 软件修复,最终导出 stl 格式文件,放入 Phoenics 软件进行室外风环境模拟分析,优化建筑形体结构。

规划要求的建筑长 250 多 m,通过初步模拟计算,条形建筑容易导致建筑周边风速的突变和局部死区,不利于形成良好的室外风环境。结合地形,对建筑形体进行优化,采用曲面形式,能改善室外行人区的空气流场,提高人员室外活动的舒适度。

②建筑表面风压。建筑面向湖泊,南侧无高大建筑遮挡。夏季及过渡季节,该地区主导风向为东南风。在东南风向下,建筑迎风面有大于 2.2 Pa 的风压。低碳体验馆建筑高度较小,且北侧覆土。该项目风压最低值出现在建筑顶部,约为 −1.6 Pa。所以,在建筑顶部设置可开启天窗,可以有效促进室内自然通风。迎风面和背风面之间有超过 3 Pa 的压差(图 5.11、图 5.12)。

图5.11　建筑迎风面风压

图5.12　建筑背风面风压

将200多米的建筑分3个区域，中间用走廊连接。一方面避免涡旋和死区的产生，改善建筑外主要活动场地的风环境；另一方面，减小室内进深，缩短空气在室内的流动距离，减少空气在室内的滞留时间，有利于改善室内自然通风（图5.13）。

建筑中段为低碳展示馆，通过对建筑形体的修正，使中间位置获得最大风速，适合放置风力发电机，达到建筑立面的风力展示效果（图5.14）。

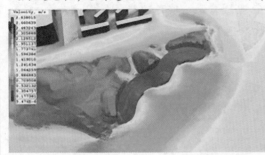

图5.13　建筑室外风速矢量图

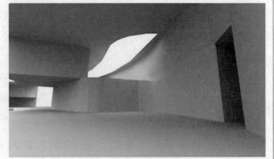

图5.14　屋顶风力发电设备

（2）室内环境分析

①采光优化。将初步的建筑结构 Revit 模型导出为导出 gbXML 格式文件，将其放入 Ecotect 进行室内环境分析。在主楼和配楼顶部分别设置采光天窗，通过对有无天窗、不同天窗形状及位置的比较分析，找到和建筑形式及通风采光要求协调的设计方案（图5.15）。

（a）无天窗

（b）有天窗

图5.15　配楼天窗采光优化

②通风优化。过渡季节，室外温度为20 ℃时，由于室内温度高于室外温度，在热压力驱动下，室内气流流向室外。天窗开启时，空气流速约为 0.5 m/s。可见，本项目在低碳展厅顶部设置可开启天窗，有明显的促进室内自然通风的作用（图5.16）。

没有天窗时,室内空气龄最高值为 2 800 s;设置可开启天窗时,室内空气龄最高值为 2 000 s。利用热压通风原理,很好地促进室内自然通风,减少空气在室内的滞留时间,改善室内空气品质。

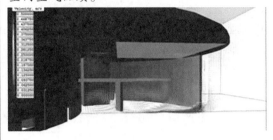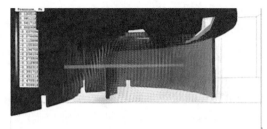

(a) 无天窗 　　　　　　　　　　　　　　　　　(b) 有天窗

图 5.16　主楼天窗对室内通风的促进作用

(3)其他关键的绿色建筑

①地源热泵系统。建筑中部为低碳展示区,冷热源为地源热泵,共两台制冷量190 kW、制热量190 kW 的机组,其中一台为热回收型,回收热量供生活热水用。为达到展示效果,地源热泵机房设计为可参观的展厅。通过三维 BIM 设计,优化机房内的设备位置及管道排布方式,使展示空间更美观。

②雨水系统。本工程屋面雨水采用虹吸雨水排水方式,部分建筑屋面的雨水经室外弃流池排除初期雨水。后期雨水排至地下雨水设备房内的原水收集池,以备雨水处理设施使用,其余屋面雨水直接排至与市政雨水相连的室外雨水管网。室外场地、停车场等地采用渗水砖铺装,消防车道雨水采用漫流至道路两侧渗水场地或草地,可增加雨水下渗量,以营养地下水及减少地面热岛效应,从而有效降低地表径流系数,而大大降低雨水地表径流量。

③太阳能光伏发电。建筑面向湖面,南立面拥有很好的采光及日照,通过对日照环境的分析及绿色建筑要求,在南立面左右两侧设置外遮阳系统。在中部低碳展示区域,配置可随太阳高度改变的自动化系统,同时在此系统上集成太阳能光伏发电板,使立面太阳板获得最大量的太阳照射。

5.2.2　智能建筑

1)智能建筑的发展阶段

智能建筑,始于典型建筑设备过程及通信设备的自动化智能控制。随着电子技术、计算机技术及信息化技术的不断更迭、演进,智能建筑也得到了全新的阐释。其发展主要分为建筑自动化、建筑信息化、建筑智能化 3 个阶段。

(1)建筑自动化

常说的5A 系统(通信自动化—CA、楼宇自动化—BA、办公自动化—OA、消防自动化—FA和保安自动化—SA),都可称为自动化建筑。这也是智能建筑发展的初级阶段,没有具体的规范、条框。此时,智能建筑是指现在智能建筑中某个子系统,而不是整个智能建筑的集成系统。

(2)建筑信息化

2000 年以后，规范的完善及系统集成的了解、熟悉，让智能化建筑进入蓬勃发展时期。尤其在 2010 年以后，互联网技术给智能建筑行业带来极大的影响，业内开始出现信息化智能建筑的说法，其技术特征主要是平台化和信息集成。

（3）建筑智能化

随着"智慧城市"的提出，对智能建筑间信息的互联互通提出更高的要求，业内开始追求更加智能、更具人性化的智能建筑。以 BIM（建筑信息模型）、大数据、物联网、移动互联、云计算等为代表的创新技术，更是打破传统发展模式，为智慧建筑的构建提供了无限可能。

因此，智能建筑是建筑行业未来的必定趋势。从国家层面到各地，均把智能建筑纳入智慧城市建设的高度予以重点推广。目前，我国智能建筑市场产值已超过千亿元，并正以每年 20% ~30% 的速度增长，未来市场可达数万亿元。

2）智能建筑的优势

智能建筑随着人类对建筑内外信息交换、安全性、舒适性、便利性和节能性的要求产生。因此，提高建筑使用效率，提升建筑适用性，降低使用成本，是其优于传统建筑的核心优势。

（1）高效利用建筑面积

传统建筑是根据事先给定的功能要求，完成其建筑、结构设计，而智能建筑则要求建筑设计出支持 3A/5A 功能，必须是开放式、大跨度框架结构，这就允许用户迅速、方便地改变建筑物的使用功能或重新规划建筑平面。智能建筑能降低业主经济压力，在房屋保洁、节省土地等方面都体现极大优势，极大提高建筑面积利用率。

（2）主动能源节约

传统建筑的能源浪费不容忽视，尤其是空调和照明的能耗最为严重，约占总能耗的 70%。而智能建筑可以通过其"智慧"，将能源消耗、碳排放指标和生活需求都变成数据。这些数据使得能耗管理的计量更全面、更精确。

能耗管理系统可根据不同能源用途和用能区域，进行分时、分段计量和分项计量，分别计算电、水、油、气等能源的使用，并对能耗进行预测。管理者可以了解不同的能源使用情况和用户对能源的需求，及时对能源进行有效分配。

（3）自我学习

自我学习可更贴切地称为用户无意识调教。例如，记录业主或办公人员的生活数据，何时会在哪里出现，会做什么，业主是不是会忘了关电源等。通过这些数据，及时调整分配资源或开关信道，以减少业主等待时间，提升居住体验等。

（4）更具美感的建筑设计

建筑的智能化设计以及建筑物本身与自然环境之间的交互关系，为智能建筑的设计理念带来全新的灵感。

在伊朗马什哈德市，曾设计一处新型住宅类型，建筑面积为 4 万 m^2，设计整合被动绿色能源战略，仿效"小城镇"的概念。其独特的外形是基于"留白设计"的理念，将住宅项目转换为共享的绿色空间。

（5）更先进的灾难控制能力

智能建筑能确保安全和健康，不仅要求防火与保安系统需要智能化，还需要能对室内的温度、湿度、照度加以自动调节,甚至能控制色彩、背景噪声与味道。

同时,建筑的主动灾难管理系统也必不可少。更灵敏的传感器、更大范围的动作端、更高效的资源调控机制都是智能建筑所独有的。

3)推动智能建筑未来发展的关键技术

(1)物联网

1999 年,物联网由麻省理工大学 Auto-ID 中心的 Ashton 教授在研究 RFID(射频识别)时提出,基于互联网、RFID 技术、EPC 标准,在计算机互联网的基础上,利用射频识别技术、无线数据通信技术等,构造一个实现全球物品信息实时共享的实物互联网。

物联网是可以让物与物、物与人之间都能"交流",具有全面感知、可靠传递以及智能处理等特点。

"物联"的理念充分体现在智能建筑的技术发展当中,智能建筑的理念与技术可以提供物联网的数据交换标准以及中间件架构,而智能建筑的发展又因物联网的技术与理念得到提升,两者之间相互影响、推动、发展。

(2)云服务

云服务是构建智慧城市、智能建筑资源池和综合平台的基础,主要包括云计算和云存储等形式。它为采用物联网技术带来的海量数据计算与存储奠定基础,成为推动智能建筑应用更加智能化的核心动力。

智能楼宇的建设中,大数据的采集和分析让系统网络可对物业数据进行自动跟踪,了解物业人员的偏好及活动轨迹,自动配置照明、暖通、电梯等系统运行机制和逻辑程序。智能建筑本身只是监测、控制、报警,而无法预测分析现状和预测事故的发生,而当实现建筑的大数据分析时,则可实现预测、预警、规划和引导,使建筑设备安全使用,环境舒适度得到调整,人员的生活、工作都能得到方便智能的应用,并且还将这些大数据信息同时与个人的手机智能端相连,实现所有智能分析有用信息同步享有,即可作用。

因此,未来的智能建筑在某种程度上是一个大数据云计算的应用中心,完全可以实现小到一个灯泡,大到整楼的安全、质量、环境,甚至人的行为都可以通过楼宇的大数据系统预测。

(3)移动互联技术

移动互联技术解决了建筑内系统与人员之间互联互通的问题,真正把人员以及其工作融入自动化系统当中,实现人机协同。

首先,移动互联网的出现为智能建筑带来基于"平台 + 应用"的新方式。这种类似智能手机的构建方式,从需求出发,解决长期以来弱电系统自底向上脱离使用实际的情况。用户(建筑业主)得到的功能不再是由生产商(弱电总包商 + 设计院)预装好的,而是可以根据自己的使用需求和意愿,进行功能的增加或删除。

另外,业内人士还分析,以往建筑管理大多依靠中控室值班人员派发工单、维护人员手写工单的方式进行事件记录。这个过程中,具体的完成效果——是否真的解决问题或维护人员是否出工不出力,管理人员无从获知。而运用移动互联网后,可以通过自动化系统产生的报警信号直接联动给出工单,派发到指定的维护人员的智能终端上。他接到工单后,完成任务的时间、效果、客户评价等都留存在系统的事件记录当中,从而为解决一直以来的管理难题提供一个有效的解决方案。

（4）BIM 技术

智慧城市是一个有机的整体，而 BIM 技术是在建设过程中各相关部门协调、配合的关键要素之一。BIM 技术的贯彻应用，可以自始至终贯穿各类工程建设项目的全过程，支撑建设过程的各个阶段，实现全程信息化、智能化。设计阶段，BIM 可以通过三维设计建模将建筑更直观地进行虚拟展示，帮助设计方提高设计效率，完善设计方案；招投标阶段，BIM 可以用三维模型来进行量化计算，使计算结果更迅速、准确；施工阶段，BIM 可以对整个施工过程进行模拟，并为施工过程管理提供精细化的数据支撑和信息化支持；在运营维护阶段，BIM 可以为管理方提供完整的项目和建筑信息，直接降低管理成本，提高管理效率，避免管理风险。

随着国家政策、产业发展、技术水平的不断调整和深入，我国的智慧城市建设已经进入实施推进阶段，BIM 技术和项目全生命周期管理理念，很可能是未来智慧城市建设领域中一个新兴的热点。同时，BIM 技术结合物联网、GIS 等技术，不仅可以实现建筑智能化，建设真正的"智能建筑"，也将在智慧城市建设、城市管理、园区和物业管理等实现更多的技术创新和管理创新。

4）智能建筑未来发展方向

智能建筑行业景气程度较高，未来朝 3 个维度发展。

（1）智能电网与智能建筑逐步融合，朝着绿色节能方向发展

从国外发展历程和经验来看，智能电网与智能建筑的融合是趋势和潮流，核心在于提供更节能的建筑，既有利于营造可持续发展的环境，更在于给用户切实的节能体验，享受节能带来的差别电价、减少电费支出，实现更好的经济效益。这也是智能建筑全方面推广的核心所在。

（2）智能建筑由商业建筑逐步延伸至社会公共建筑和住宅

目前，我国的智能建筑主要集中在商业建筑领域。未来，随着节能减排的不断推进，节能范围也将逐步推广至社会公共建筑领域。业内公司业务开始向医院、博览会展等渗透。

随着无线网络技术的应用不断开发和成熟，如 ZigBee、WIFI，无线互联家庭成为可能，成本比有线更低廉，促使智能家居的市场推广掀起新的浪潮。

（3）国产设备研发商延伸产业链，逐步参与到提供行业综合解决方案

国外行业内主导公司是设备供应商，而提供解决方案以及能源服务的公司则占很小的市场份额。我国在设备技术研发上与国外存在一定差距，目前只是集中在智能设备的集成上，大多数还是采用国外的设备。

随着我国技术逐步实现更大范围的自主创新，像华为、同方、浙江中控，在设备的研发上具有一定的优势，未来将延伸产业链，切入具体行业的解决方案中。

5.2.3　智慧城市

网络和计算的泛在化及其引发的社会结构变化使我们更加清晰地感受到人类已迈入信息时代，以网络中心、信息主导、体系支撑、融合共享为主要特征的新型智慧城市建设，将有效助推城市治理体系和治理能力现代化，促使民生服务更到位、城市环境更友好、经济运行更合理、行政管理更高效、万众创新更活跃、社会生活更和谐。

新型智慧城市是以为民服务全程全时、城市治理高效有序、数据开放共融共享、经济发展绿色开源、网络空间安全为主要目标，通过体系规划、信息主导、改革创新，推进新一代信息技术与城市现代化深度融合、迭代演进，实现国家与城市协调发展的新生态。

纵观当前的城市治理，依然存在各种各样的问题：在跨域业务协同方面，城市信息化建设，缺乏全局的顶层设计；管理机制建设方面，各部门条块分割和层级化的管理模式严重阻碍城市信息化发展；数据共享应用方面，城市基础数据资源未能实现充分共享和综合利用；网络安全、信息安全方面，尚未建立网络安全和信息安全体系，形势严峻……要解决这些问题，对新型智慧城市的建设，不能仅停留在技术层面，还要成体系的信息系统技术来推动城市管理改革。

在此背景下，许多企业都在积极布局，致力于通过"互联网＋数据融合"催生新的产业和新的经济增长点。智慧城市建设方面，自2010年开始，中国电科先后承担北京、重庆、天津、上海等100多个城市的智慧城市设计与建设。2015年8月以来，中国电科与深圳市、福州市、嘉兴市达成协议，深度参与新型智慧城市建设，在城市运营、大数据管理、网络安全等多领域运用体系工程方法，自顶层向下开展新型智慧城市建设，最终打造改革开放、创新生态、国家治理能力现代化3个方面的"新型智慧城市的新标杆"。

作为新型智慧城市建设落地的重要技术手段，在物联网通用体系架构指引下，各物联网应用支撑平台可实现城市内及城市间各部门应用信息的接入、汇聚和整合，通过数据融合共享和开发开放，可为城市管理者提供城市日常运行状态信息和应急响应决策依据，便于城市管理者进行一体化应急指挥调度、多部门协同处置、精细化和精准化城市管理。

装修新房时，业主将获得房屋从最初设计施工到近期维护改造的所有信息；一旦发生火灾，大楼"主动"报警，通知消防人员迅速锁定起火位置，为救援争取时间；城市各个角落的公用电梯、道路桥梁哪些达到了维护年限，点击鼠标一搜便知，提前消除隐患于未然……这些场景将不仅仅是科幻小说里的情节。随着BIM技术的推广，小到居民住宅大到市政工程所有建筑"全生命周期"内的数据信息都能共享和监控，建筑行业也能有"朋友圈"。为建筑行业搭建起"朋友圈"从日常生活中常见的民居，到上海环球金融中心、澳大利亚悉尼歌剧院，都包含政府、业主、设计、施工、运营等多个部门，每个部门又包含如建筑、结构、暖通、给排水等多个专业，因此需要各部门各专业共享信息，协同工作。

如今，土木建筑工程的规模越来越大，体型越来越复杂，经过多次变更后，如果某个专业的设计人员拿到的分析数据不是变更后的最终数据，便会在实际施工时同其他专业产生冲突，给协同工作带来阻碍。因此，设计人员需要通过最新的信息技术应用，实现信息共享，保证土木建筑工程全生命周期中多部门多专业人员在各种各样变更条件下协同工作，这种信息技术就是BIM技术。

技术间的融合和兼容将是智慧城市建设者需要优先考虑的，通过广泛参与和标准组织的合作可以促进智慧城市的平衡发展，GIS和BIM相结合将为智慧城市的建设带来新的思路和方法。

为满足居民和城市发展的需求，城市正在急速扩张，同时城市的信息系统也越来越复杂、精细，城市发展历经城镇—城市—数字城市—智慧城市的过程。智慧城市将是一个成熟技术的融合，还包含精准的城市三维建模、发达的城市传感网络、实时的城市人流监控。

（1）精准的城市三维建模

随着技术的发展,位置信息精度飞速地提高。20 世纪 90 年代,GPS 定位技术翻开一个新篇章,2000 年 SA 政策(人为降低全球定位系统信号有效性的技术政策)的取消也使得民用 GPS 精度极大提升。GPS 通过同具有深刻认知和分析功能的 GIS 系统结合产生一系列新技术和新产品,如精度高达几米的汽车导航等产品。

但在 GPS 精度提高并普及后,室内定位方面的进程却几近停滞不前。鉴于其巨大的商业"钱"景和应急救援等需要,专家和厂商花费大量的时间和工作来寻找价廉、好用的解决方案攻克这一难题。未来,在室内定位方面将是以装置为中心的位置服务,即装置通过接近用户身处环境的相对位置,将会激活相应的位置服务程序。

但室内定位系统除要解决定位的方式,还要解决底图的问题。室内建模方面一直没有特别的解决方案,雷达精准但昂贵,从二维设计图生成三维模型还需要注意精度的问题。BIM 似乎给出一个完美的解决方案,但在测量-土木-地理空间的互通性一直存在问题,如 BIM 和 3D 建模的互通性问题。对此,OGC 开发基于 3D 建模的 CityGML 编码标准应该是不错的解决方案。它使得 BIM 和 GIS 能有机会融合在一起,实现室内定位。

另外,CityGML 不仅能够支持个别建筑的模型,还能支持整个站点、区、市和国家的整体建模。在城市建模方面,城市测绘部门利用机载雷达、倾斜摄影等手段提供城市建模所需要的数据。再通过利用 CityGML 等标准,实现地理设计和 BIM 结合将为智慧城市的建设带来新的思路和方法。

对比国外的 BIM 应用,我国的 BIM 应用刚起步,只有一些大型的地标型建筑采用 BIM 技术。因此,如果要应用 BIM 和 GIS 结合作为一种定位手段,还有很长的路要走。

（2）发达的城市传感网络

智能城市通过更广泛地感知环境和公民活动可以提供更好的服务。城市规模的传感网是感知城市以及反馈服务的关键部分。大规模传感可以由信息管理者通过科学化部署的覆盖全市的传感器来实现。

同样,也可以通过人或车辆携带的移动设备来实现信息采集。近年来,通过移动网络手机信令数据的信息采集技术越来越被各个城市信息部门重视和应用。作为一种用于信息采集的数据源,不管人们自动或被动参与,其移动设备都很好地为城市传感器平台服务着。参与式的传感收集是当人们有意识地参与到收集活动中,而还有一部分的传感收集是人们身处环境中不知不觉完成的。

拥有精确的采集手段,通过 GIS 平台存储、实时显示以及分析数据,再通过短信、彩信等方式及时通知公众。

（3）实时的城市人流监控

生活在智慧城市中,人们随身携带的移动设备将能直观描述这些公民的群体行为。AT&T 实验室的研究揭示城市的规划者如何通过基站记录的移动电话的数据更好地了解城市动态。可见,手机是一个易用、有效的数据采集和发布终端。在数据采集方面,手机信令采集技术以手机与人绑定作为设计的依据。该技术具有覆盖范围广、受天气影响小、全天候采集、不受光线影响、不受房屋等遮盖物体的影响、可获得大量样本空间等特点,完全可以克服现有城市中人流监控技术的不足和缺陷。

我国部分一线城市已经有区域的人流实时监控预警系统。例如,北京市在目前投入使用的西单商业街人流实时监控预警系统和北京市地铁客流监管系统分别基于智能图像监控识别技术和RFID射频识别技术实现的人流的实时采集和监管,这两种技术存在着很多的优点以及一些问题。

但是,我国目前城市中的人流监控管理还只针对一个区域、一个场馆或一个交通枢纽进行。这种自我负责片区的管理工作形成一个个的信息孤岛,无法有效整合这些资源为整体城市服务,也无法从整个城市的角度进行综合的人流监管和控制。

为了解决这些信息孤岛,人们将目光投向了GIS——可以实时在线存储、显示、分析、发布信息的平台。GIS在此方案中的角色有数据存储、分析以及数据展示、数据辅助。

①数据存储、分析:以行政区域作为统计分析的粒度,统计全市范围内在各个行政区域的实时人流量,并通过GIS平台进行浏览、分析等。

②数据展示:在电子地图上标识出指定的交通小区、城市大区、热点区域、行政区域等各种类型区域的准确范围;根据实际统计分析的结果,利用不同颜色形象、直观地进行展示;在电子地图上点击具体划分好的各种区域,立即弹出此区域的详细统计分析结果等数据;方便地拖曳移动、放大缩小等功能的电子地图。通过GIS方式,将城市的人流现象、范围、强度等进行直观、量化地展现。

③辅助应用:有了采集数据的分析手段,结合GIS电子地图平台和公共广告屏实时显示人流信息,通过短信、彩信系统实现人流信息的多渠道发布,在紧急事件发生时及时通知公众和有关的管理人员。

随着政府和企业对智慧城市的愿景越来越强烈,更多技术手段和应用被引入,城市也要越来越智慧,具有活性。技术间的融合和兼容将是智慧城市建设者需要优先考虑的,通过广泛参与和标准组织的合作可以促进智慧城市的平衡发展,以更好地服务社会和人民。

【延伸阅读】

见证BIM成果转化
分享BIM经典案例

【思考练习】

1. 简述国家及各地方政府关于BIM推广应用的政策。

2. BIM主要应用于哪几个方面?

3. 施工阶段的BIM将应用于哪几个方向?

4. 什么是绿色建筑?

5. 什么是智慧城市?

第6章 BIM 标准

"不以规矩,不成方圆"。BIM 标准是推动我国 BIM 技术落地、快速推广的重要手段,对 BIM 技术进步以及对国家技术体系的建立有很大作用。BIM 标准对推动 BIM 技术发展的意义分两方面:一是指导和引导意义,BIM 标准把建筑行业已经形成的一些标准成果提炼出来,形成条文来指导行业工作。二是 BIM 标准具有评估监督作用。BIM 标准可规范工程建筑行业的工作,虽然不能百分百对工作质量进行评判,但能提供一个基准来评判工作是否合格。

目前,BIM 标准的种类很多,但是有 3 个基础标准国内外都认同,分别是 IFC:工业基础类(Industry Foundation Class,ISO16739)对应 IT 信息部分;IDM:信息交付手册(Information Delivery Manual,ISO 29481)对应使用者交付协同;IFD:国际字典框架(International Framework for Dictionaries,ISO 12006-3)语言。这 3 个标准构成了整个 BIM 标准体系的基本框架。

6.1 国外 BIM 标准

在发达国家和地区,BIM 技术参与的项目数量已经超过传统项目,这些国家(美国、英国、挪威、芬兰、澳大利亚、日本、新加坡等)也都已经开始或颁布适合本国国情的 BIM 标准。

2004 年,美国就开始编制美国国家 BIM 标准。3 年后,发布了 NBIMS Ver. 1,即《国家建筑信息模型标准(第一版)》。这是美国首次颁布的完整且具有指导性和规范性的标准,规定基于 IFC 数据格式的建筑信息模型在不同行业之间信息交互的要求,实现建筑信息化并促进商业进程,对推广 BIM 技术应用起到很大作用。2012 年,在华盛顿举办的 IAI 大会上 Building SMART 联盟发布《NBIMS-US(第二版)》,其中包括 BIM 参考标准、信息交换标准与指南和应用 3 部分。

美国政府或业主也都大力推进 BIM 标准的应用,有些州已经立法,强制要求州内的所有大型公共建筑项目必须使用 BIM 技术。目前,美国国内所使用的 BIM 标准包括 NBIMS、COBIE 标准、IFC 标准等,这些标准的推广应用为相关方带来很大的价值。目前,NBIMS-US 3.0 标准编制已经启动,由美国钢结构协会(AISC)总监克里斯托弗·穆尔担任第三版的负责人。

在英国,多家建筑类企业共同成立"AEC(UK)BIM 标准"项目委员会。在该委员会的推动下,2009 年,"AEC(UK)BIM Standard"出台。目前,该标准作为英国国内的行业推荐标准。2010 年、2011 年,还针对 Autodesk Revit、Bentley Building 两种软件发布相应的 BIM 使用标准,具有很强的针对性。其主要内容由 5 部分组成:项目执行标准、协同工作标准、模型标准、二维出图标准和参考。

日本建筑学会正式发布《JIA BIMGuideline》,这是以设计者的观点制定而成,将设计和施工分开考虑。《JIA BIMGuideline》希望通过推广加强国内 BIM 应用水平,利用 BIM 技术进一步扩大设计业务、减少成本、缩短工期和提高竞争力。其内容包括技术标准、业务标准和管理标准 3 个模块。

韩国政府和机构也大力制定 BIM 标准并推广,2010 年 1 月颁布了《建筑领域 BIM 应用指南》《韩国设施产业 BIM 应用基本指南书——建筑 BIM 指南》《BIM 应用设计指南——三维建筑设计指南》。

2012 年 5 月,新加坡正式发布《新加坡 BIM 指南 1.0》。该标准内容务实、简明,具有一定的参考价值。内容主要包括 3 部分:BIM 规范、BIM 模型及协作流程和附录。

挪威于 2010 年提出制定《SN/TS 3489: 2010 Implementation of support for IFD Library in an IFC model》标准,目前正在进行信息传递手册(Information Delivery Manual—IDM)标准研究,它主要解决建筑项目中各环节之间的信息交换需求。

芬兰政府物业管理机构 Senate Properties 于 2007 年正式发布《BIM Requirements 2007》,共分为 9 卷,包括总则、建模环境、建筑、机电、构造、质量保证和模型合并、造价、可视化、机电分析等内容。

澳大利亚于 2009 年出台《国家数码模型指南和案例》,旨在推广 BIM 全生命周期的应用。内容由 3 部分组成: BIM 概况、关键区域模型的创建方法和虚拟仿真的步骤和案例。

6.1.1　LOD 标准

（1）LOD 的定义

Level of Details 称为模型的细致程度,也称为 Level of Development。它描述了一个 BIM 模型构件单元从最低级的近似概念化的程度发展到最高级的演示级精度的步骤。美国建筑师协会(AIA)为规范 BIM 参与各方及项目各阶段的界限,在其 2008 年的文档 E202 中定义了 LOD 的概念。这些定义可以根据模型的具体用途进行进一步的发展。LOD 的定义可以用于两种途径:确定模型阶段输出结果以及分配建模任务。

（2）模型阶段输出结果

随着设计的进行,不同的模型构件单元会以不同的速度从一个 LOD 等级提升到下一个。例如,在传统的项目设计中,大多数的构件单元在施工图设计阶段完成时需要达到 LOD 300 等级,同时在施工阶段中的深化施工图设计阶段大多数构件单元会达到 LOD 400 等级。但有一些单元,如墙面粉刷,永远不会超过 LOD 100 等级。即粉刷层实际上不需要建模,它的造价以及其他属性都附着于相应的墙体中。

（3）任务分配

在三维表现之外,一个 BIM 模型构件单元能包含大量的信息,这些信息可能由多方提供。例如,一面三维的墙体可能由建筑师创建,但总承包方要提供造价信息,暖通空调工程师要提供 U 值和保温层信息,一个隔声承包商要提供隔声值的信息,等等。为解决信息输入多样性的问题,美国建筑师协会文件委员会提出“模型单元作者”(MCA)的概念,该作者需要负责创建三维构件单元,但并不一定需要为该构件单元添加其他非本专业的信息。

在一个传统项目流程中,模型单元作者的分配可能和设计阶段一致。设计团队会一直将建模进行到施工图设计阶段,而分包商和供应商将会完成需要的深化施工图设计建模工作。然而,在一个综合项目交付(IPD)的项目中,任务分配的原则是“交给最好的人”,因此在项目设计过程中不同的进度点会发生任务的切换。例如,一个暖通空调的分包商可能在施工图设计阶段就将作为模型单元作者来负责管道方面的工作。

（4）LOD 等级

LOD 被定义为 5 个等级,从概念设计到竣工设计,已经足够定义整个模型过程。但为给未来可能会插入等级预留空间,定义 LOD 为 100~500。

模型的细致程度,等级定义如下:

①100 级别:Conceptual 概念化。

②200 级别:Approximate geometry 近似构件(方案及扩初)。

③300 级别:Precise geometry 精确构件(施工图及深化施工图)。

④400 级别:Fabrication 加工和制造精度。

⑤500 级别:As-built 竣工模型。

(5)LOD 不同深度级别解析

①LOD 100:等同于概念设计。此阶段的模型通常为表现建筑整体类型分析的建筑体量,分析包括体积、建筑朝向、每平方造价等。

②LOD 200:等同于方案设计或扩初设计。此阶段的模型包含大致的数量、大小、形状、位置以及方向。LOD 200 模型通常用于系统分析以及一般性表现目的。

③LOD 300:模型单元等同于传统施工图和深化施工图层次。此模型已经能很好地用于成本估算以及施工协调,包括碰撞检查、施工进度计划以及可视化。LOD 300 模型应当包括业主在 BIM 提交标准里规定的构件属性和参数等信息。

④LOD 400:此阶段的模型被认为可以用于模型单元的加工和安装。此模型更多地被专门的承包商和制造商用于加工和制造项目构件,包括水电暖系统。

⑤LOD 500:最终阶段的模型表现的项目竣工的情形。模型将作为中心数据库整合到建筑运营和维护系统中。LOD 500 模型包含业主 BIM 提交说明里制定的完整的构件参数和属性。

BIM 项目的实际应用中,首要任务是根据项目的不同阶段以及项目具体目的来确定 LOD 的等级,根据不同等级所概括的模型精度要求来确定建模深度。可以说,LOD 理论让 BIM 技术应用有据可循。但根据项目具体目的和内容的不同,LOD 级别也不需要强制套用概念定义,需要负责人根据具体情况具体分析,适当调整也是可以的。

6.1.2　IFC 标准

IFC 标准由国际协同工作联盟(IAI)制定,同时是国际建筑业的工程数据交换标准,国际标准化组织 ISO 唯一认可的标准。支持建筑全生命周期的数据交换与共享,同时是一个三维建筑产品数据标准。IFC 系统针对建筑中所有的构件类型设定了一套标准,将这套标准存储在同意的数据文件中。IFC 是建筑行业的共同语言,也是行业的数据标准。

1994 年,12 家美国公司就使用不同应用软件协同工作的可能性进行研讨。1995 年 10 月,最初的国际协同联盟组织(IAI)在北美建立。IAI 组织初始成员已经认识到,工业界的全球化进程速度正在加快,故把这种在同一个标准平台下协同工作的思想推广到其他国家乃至世界很有必要,同时也非常有意义。1996 年初,第一次 IAI 国际会议在英国伦敦召开,并以此反映组织的目的在于建立一个全球性的普遍的数据交换标准。目前,IAI 组织在全球共有 14 个分会,分布在 19 个国家,包括美、德、英、法、芬兰、瑞典等国家。

早在 1995 年,IAI 组织就提出直接面向建筑对象的 IFC 数据模型标准,此标准涉及建筑行业全生命周期内各个专业与阶段,并定义一个通用的数据标准,即 IFC 标准。IFC 针对多个建筑行业的应用平台,为建筑信息数据的处理、表示和交换提供统一标准。其目的在于提供一个不依赖任何具体实物的系统,且适合描述一个可以贯穿建筑全生命周期内所有数据的中性机制,并可以有效地支持建筑行业各个阶段、各个专业、各个应用领域之间的数据交换和管理。IFC 支持建筑工程项目全生命周期各个阶段、各个专业之间的信息的共享和交换,还支持信息在不同应用领域之间的共享与交换,而非局限在特定的应用领域之内。在此通用的数据标准前提下,建筑行业的不同专业或相同专业之间的不同应用软件可以通过一个共享的数据平台进行交换与共享,从而实现真正的建筑全生命周期内的工作协同、信息共享。无共享数据平台与基于共享平台的各参与方工作模式对比。

1997 年,IAI 发布第一个 IFC 数据模型版本,覆盖 AEC/FM 中大部分领域,包括建筑领域、工程领域、施工领域以及设备管理领域。新的需求伴随着新技术的发展,IFC 数据领域还在不断地扩充。IFC 标准已经被 ISO 组织接纳为 ISO 标准,成为 AEC/FM 领域中的数据统一标准,涵盖 AEC/FM 所定义的各个领域的数据模型标准,包括梁、板、柱、墙、桌、椅、家具等可见的建筑实体元素,也包括进度计划、空间安排、人员组织、工程造价等工程抽象概念。最新的 IFC 标准所涉及的领域已经包含了建筑领域、结构分析领域、结构构件领域、电气领域、建筑控制领域、管道以及消防领域等。

IFC 标准是针对建筑工程以及工程内所有的实体构件的数据模型的描述,由于 IFC 确定了一个通用的数据模型标准,故与一般的数据定义不同之处在于采用何种形式化的数据规范语言来保证描述的精确性和一致性。EXPRESS 语言是一种规范化、面向对象的数据描述语言,其重点是实体的概念。实体作为一种结构化数据类型,表示一类具有共同特性的实体对象,而对象的特性通过属性和规则的定义在实体中表达。EXPRESS 提供建筑工程以及工程内各种实体模型数据进行标准化描述的机制,所有的数据交换模型和标准数据存取,都采用此语言进行描述。

IFC 允许建筑行业的各个领域,如建筑领域、结构领域、设备领域等,共享工程模型,也允许各领域在自己的领域范围内在工程模型中创建自己定义的对象,且后续领域可以使用前者领域所定义的对象。图 6.1 所示为有无数据共享平台的工作模式的差异。

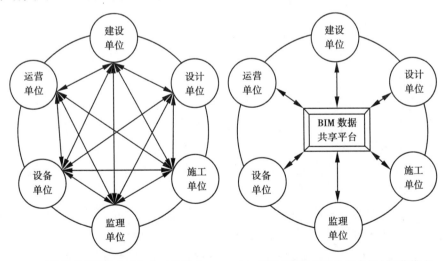

（a）无共享数据平台各参与方工作模式 （b）基于共享数据平台各参与方工作模式

图 6.1 无共享数据平台与基于共享平台的各参与方工作模式对比

IFC 模型具有明显的层次结构,通常由 4 个层构成,如图 6.2 所示。不同的层次结构代表不同的数据级别,从上到下依次为:专业领域层、信息共享操作层、信息框架层、信息资源层。为保证层次结构的明确性以及数据交换的透明性，每层信息资源只能应用到同层与下层。

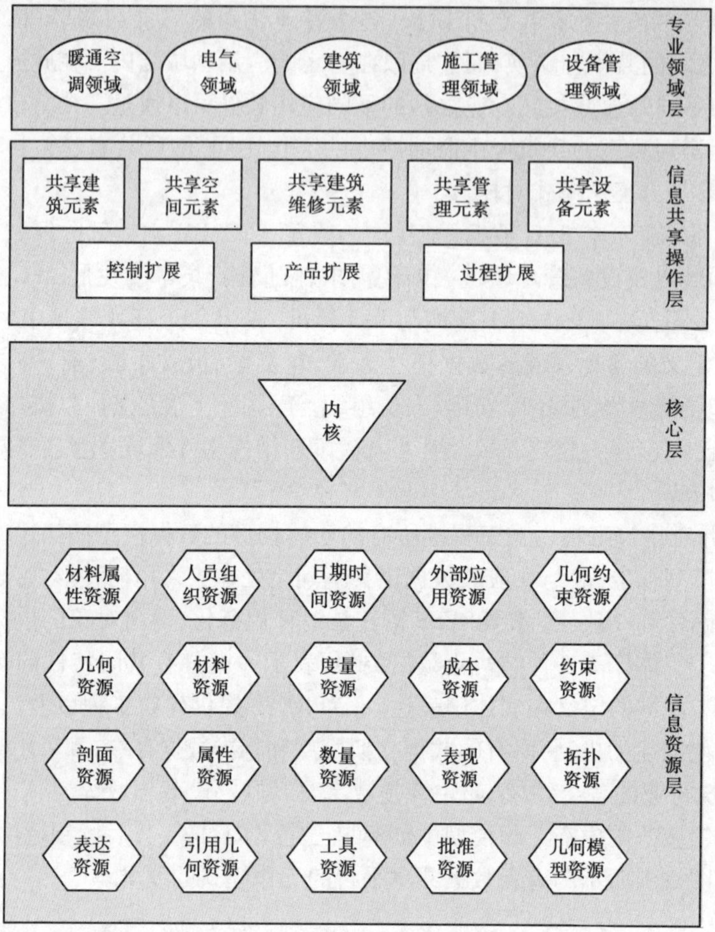

图 6.2　IFC 标准的框架结构

信息资源层为最低层，该层描述了带有基本属性的实体，如几何信息、数量、材料、成本、日期、时间等，这些信息被用作上层实体属性定义所需的基础资源。

第二层是核心层，即信息框架层，该层包含的实体主要描述非行业性的或行业性不明显的抽象建筑实体概念(如参与者、组、流程、产品、关系)以及抽象的建筑要素(如空间、场地等)，可被用于更高层次实体的定义。

第三层是信息共享操作层，该层包含的实体最常用，如梁、柱、墙、窗、门等常用建筑实体，大部分建筑实体均在该层定义，同时为多专业软件共享。

最高层为 IFC 模型的专业领域层，包含每个具体领域的概念定义，如空间组织(建筑设计领域)、条形基础与桩基础(结构工程领域)、锅炉空调(设备管理领域)等。

上述层级结构是 IFC 模型定义的原则，此外，还描述了各实体间的相互关系(包括各实体的继承关系)。这种关系映射的模型空间结构反映 IFC 如何把项目、场地、建筑物、楼层、各种建筑构件等内容组织在一起，层次越低，描述的信息就越具体。

根据 IFC 的层次结构，可改变混乱无序的信息关系，并可确定明确、易被访问的信息组织结构。

6.2　国内 BIM 标准

我国也针对 BIM 标准化进行一些基础性的研究工作。2007 年,中国建筑标准设计研究院提出《建筑对象数字化定义》(JG/T 198—2007)标准,其非等效采用了 IFC 标准《工业基础类 IFC 平台规范》,只是对 IFC 进行一定的简化。2008 年,由中国建筑科学研究院、中国标准化研究院等单位共同起草《工业基础类平台规范》(GB/T 25507—2010),等同采用 IFC(ISO/PAS 16739:2005),在技术内容上与其完全保持一致,仅为将其转化为国家标准,并根据我国国家标准的制定要求,在编写格式上做一些改动。2010 年,清华大学软件学院 BIM 课题组提出了中国建筑信息模型标准框架(简称 CBIMS),主要包括 3 个方面的内容:数据交格式标准 IFC、信息分类及数据字典 IFD 和流程规则 IDM。BIM 标准框架主要应包括标准规范、使用指南和标准资源 3 部分。

在国内,基于 IFC 的信息模型的开发应用才刚刚起步。中国建筑科学研究院开发完成 PKPM 软件的 IFC 接口,并完成建筑业信息化关键技术研究与示范项目——《基于 IFC 标准的集成化建筑设计支撑平台研究》;上海现代设计集团基于 IFC 标准开发建筑软件结构设计转换系统以及建筑 CAD 数据资源共享应用系统。此外,还有一些中小软件企业也进行了基于 IFC 的软件开发工作。例如,北京子路时代高科技有限公司开发了基于 Internet 的建筑结构协同设计系统,其数据交互格式采用了 IFC 标准。

目前,BIM 快速发展,但限于 BIM 标准的制订还未全面铺开。在标准制订过程中,相关政府部门尚未发布具体实施的行业规范与操作指南,但相关单位已带头着手 BIM 标准编制工作。

2005 年 6 月,中国的 IAI 分部在北京成立,标志着中国开始参与国际标准的制定。2007 年,中国建筑标准设计研究院提出的"建筑对象数字化定义"标准。该标准根据我国国情对 IFC 标准改编而来,其规定了建筑对象数字化定义的一般要求,但未对软件间的数据规范做出明确要求,只能作为 BIM 标准的参考。2008 年,中国建筑科学研究院和中国标准化研究院等机构基于 IFC 共同联合起草《工业基础类平台规范》(GB/T 25507—2010)。

基于上述我国 BIM 的研究现状可以看出,目前政府以及行业主管部门尚未颁发 BIM 标准和指南,整个行业缺乏统一的认识,从而阻碍了 BIM 的发展。但是要发布符合本国行情的指南也非易事,需综合考虑各方面的因素。主要从 3 个方面来展开:软件的开发、建筑规范、数据格式。

目前,国内 BIM 应用软件主要由国外软件公司开发,如 Autodesk Revit、Bently、ArchiCAD、Digital Project 等软件,本土软件虽然数量不少,但没有真正满足项目全生命周期的应用软件。从技术与经济角度分析,目前都不可能出现满足要求的 BIM 软件来代替企业当前使用的软件,从中国建筑业 BIM 长期发展来看,国产 BIM 软件开发很有必要。因此,制定的标准应以当前行业软件为基础。

很多国内软件之间的数据难以实现共享与兼容,这对提高建筑业效率来说是很大的障碍。国际上的 BIM 标准大部分是基于 IFC 标准制定的,因此只有通过标准化的数据接口,才能达到数据共享进而实现 BIM 的价值。国内已有相关的研究,如中国建筑科学研究院开发完成 PKPM 软件的 IFC 接口等。

高等院校、勘察与设计企业、施工企业、业主以及事业单位等都开始投入到 BIM 的研究中,国家政府部门也开始重视 BIM,计划如何制定 BIM 标准。2011 年,住房和城乡建设部下发的《2011—2015 年建筑业信息化发展纲要》明确要求:"十二五"期间加快建筑信息模型（BIM）、基于网络的协同工作等新技术在工程中的应用,推动信息化标准建设。2012 年,住房和城乡建设部批准国家标准《建筑工程信息模型应用统一标准》（简称 NBIMS-CHN）和《建筑工程设计信息模型分类和编码标准》立项;中国建筑科学研究院等多家单位共同筹资成立"中国 BIM 发展联盟",旨在发动参与各方,共同制定这一重大行业标准。

编制《建筑工程信息模型应用统一标准》和《建筑工程设计信息模型分类和编码标准》是参考国外的研究成果与经验,结合中国建筑业的实践和地域差别,制定出用于指导建筑工程设计实践的标准,适用于建设工程设计模型数据的分类、编码与交付,能广泛用于实际工程,使其具有很强的可操作性。

3 种我国的 BIM 标准:《建筑工程设计信息模型交付标准(征求意见稿)》《建筑工程信息模型应用统一标准(征求意见稿)》《民用建筑信息模型（BIM）设计基础标准(北京地方标准)(征求意见稿)》。

【延伸阅读】

 《建筑工程设计信息模型交付标准（征求意见稿）》

 《建筑工程信息模型应用统一标准（征求意见稿）》

 《民用建筑信息模型（BIM）设计基础标准（北京地方标准）》（征求意见稿）》

【思考练习】

1. 请简述 BIM 技术在国外的发展经历。

2. 请简述 BIM 技术在国内的发展经历。

3. 什么是 LOD？它是如何分类的？不同的 LOD 精度级的应用场合？

4. 什么是 IFC 标准？它有什么作用？

参考文献

[1] 周佳悦. BIM 技术应用模式分析与适应性设计探索[D]. 大连:大连理工大学,2014.

[2] 刘明依. BIM 技术在旧建筑改造设计中的应用研究[D]. 武汉:中国矿业大学,2015.

[3] 李玉娟. BIM 技术在住宅建筑设计中的应用研究[D]. 重庆:重庆大学,2008.

[4] 翟建宇. BIM 在建筑方案设计过程中的应用研究[D]. 天津:天津大学,2013.

[5] 梁道. BIM 在中国建筑设计中的应用探讨[D]. 太原:太原理工大学,2015.

[6] 赵钦. 基于 BIM 的建筑工程设计优化关键技术及应用研究[D]. 西安:西安建筑科技大学,2013.

[7] 黄亚鹏. 基于 BIM 技术的建筑方案阶段被动式节能设计研究[D]. 重庆:重庆大学,2014.

[8] 姜剑峰. BIM 技术在建筑方案设计中的应用研究[D]. 青岛:青岛理工大学, 2012.

[9] 邵光华. BIM 技术在建筑设计中的应用研究[D]. 青岛:青岛理工大学,2014.

[10] 潘平. BIM 技术在建筑结构设计中的应用与研究[D]. 武汉:华中科技大学,2013.

[11] 李雄华. BIM 技术在给水排水工程设计中的应用研究[D]. 广州:华南理工大学,2009.

[12] 沈维龙. 基于 BIM 技术的建筑设备协同设计研究[D]. 南京:南京师范大学,2015.

[13] 汪军. 基于 BIM 的 MEP 方案可施工性论证与优化研究[D]. 重庆:重庆大学,2013.

[14] 王米来. 建筑信息模型技术在室内设计中的应用研究[D]. 北京:北京建筑大学,2015.

[15] 谢斌. BIM 技术在房建工程施工中的研究及应用[D]. 西安:西安交通大学,2015.

[16] 王彦. 基于 BIM 的施工过程质量控制研究[D]. 江西:江西理工大学,2015.

[17] 王丽佳. 基于 BIM 的智慧建造策略研究[D]. 宁波:宁波大学,2013.

[18] 方婉蓉. 基于 BIM 技术的建筑结构协同设计研究[D]. 武汉:武汉科技大学,2013.

[19] 张峥. 基于 BIM 技术条件下的工程项目设计工作流程的新型模式[D]. 北京:北京建筑大学,2014.

[20] 李犁. 基于 BIM 技术建筑协同平台的初步研究[D]. 上海:上海交通大学,2013.

[21] 陈甫亮. 基于 BIM 技术的施工方案优化研究[D]. 长沙:长沙理工大学,2014.

[22] 李勇. 建设工程施工进度 BIM 预测方法研究[D]. 长沙:长沙理工大学,2014.

[23] 郑国勤. BIM 国内外标准综述[J]. 技术研究,2012:32-51.

[24] 王婷. 国内外 BIM 标准综述与探讨[J]. 建筑经济,2015(5):108-111.

[25] 汪再军. BIM 技术在建筑运维管理中的应用[J]. 建筑经济,2013(9):93-97.

[26] 何关培,黄锰钢. 十个 BIM 常用名词和术语解释[J]. 土木建筑工程信息技术,2010.02(2):112-117.

[27] 何清华,钱丽丽,段运峰,等. BIM 在国内外应用的现状及障碍研究[J]. 工程管理学报,2012,26(1):12-16.

[28] 贺灵童. BIM 在全球的应用现状[J]. 工程质量,2013,31(3):18-25.

[29] 杜明芳,黄琨. BIM 在国内外的发展研究[J]. 智能建筑,2015(08).

[30] 祁兵.基于 BIM 的基坑挖运施工过程仿真模拟[J].建筑设计管理,2014(12):56-59.

[31] 李恒,郭红领,黄霆,等.BIM 在建设项目中应用模式研究[J].工程管理学报,2010,24(5):525-529.

[32] 杰里·莱瑟林,王新.美国 BIM 应用的观察与启示[J].时代建筑,2013(2):16-21.

[33] 张泳,付君.从新、美两国经验看我国 BIM 发展战略[J].价值工程,2013,32(5):41-44.

[34] 郑国勤,邱奎宁.BIM 国内外标准综述[J].土木建筑工程信息技术,2012(1):32-34.

[35] BIM 工程技术人员专业技能培训用书编委会.BIM 技术概论[M].北京:中国建筑工业出版社,2016.

[36] Robert Aish. Heinlein. The Door into Summer[M]. New York：Doubleday, 1957.

[37] 何关培.BIM 总论[M].北京:中国建筑工业出版社,2011.

[38] Chuck Eastman, Paul Teicholz, Rafael Sacks, Kathleen Liston. BIM handbook：a guide to building information modeling for owners, managers, designers,engineers and contractors. [M] New Jersey：John Wiley & Sons, Inc. ,2011.

[39] 李建成.BIM 应用·导论[M].上海:同济大学出版社,2015.

[40] 孙晓峰,魏力恺,季宏.从 CAAD 沿革看 BIM 与参数化设计[J].建筑学报,2014(08):41-45.

[41] 费丽华.建筑 CAD 的发展历史[J].计算机辅助工程,1998(01):65-69.

[42] 臧伟.BIM 领域应用于建筑设计的典型软件[J].时代建筑,2013(2):38-43.

[43] 王陈远.基于 BIM 的深化设计管理研究[J].工程管理学报,2012(4):12-16.

[44] 何关培.施工企业 BIM 应用技术路线分析[J].工程管理学报,2014(2):1-5.

[45] 龙志文.中国建筑幕墙行业应尽快推行 BIM[J].建筑节能,2011(1):53-56.

[46] Cohen, J. the New Architect：Keeper of Knowledge and Rules[EB/OL], 2003. www. jcarchitects. com/New_Architect_Keeper_of_Knowledge_and_Rules. pdf.

[47] 芬兰普罗格曼有限公司北京代表处.建筑信息模型(BIM)技术及其在机电安装行业的应用[EB/OL].[2016-08-31].https://www. magicad. com/wp-content/uploads/BeijingChenJian_GZSport. pdf.

[48] 广联达科技股份有限公司.BIM 项目应用效果总结[EB/OL].[2016-9-8].http://wenku. baidu. com/link? url = HL2gWOwvUIrxdf41Uy2_bTiX8I1t94tWOoBR9gKNOBqtj0B0NnKWavkbCfxBqX9JAilZTav72Xoq7qK1FaOUeI3dVkA0_U-2Ow0C8Yb_hTS.

[49] 秦军.建筑设计阶段的 BIM 应用[J/OL].建筑结构,2011(01)[2014-02-26].http://wiki. zhulong. com/index. php? mod = topic&act = topicdetail&topic_id = 715165&t = a.

[50] 过俊,张颖.建筑空间与设备运维管理系统研究[J/OL],土木建筑工程信息技术,2013,5(3):45-53 + 66[2014-05-13].http://wiki. zhulong. com/bim229/type235/topic714484_4.html.

[51] 网址 http://www. bimcn. org/cjwt/201501272766. html,来自中国 BIM 培训网,题为"BIM 的优势和理念是什么?"的文章.

[52] 网址 http://bim. archina. com/2012/bimnews_1204/51847. html,来自 Archina 中国建筑网,题为"首届中国 BIM 论坛启动 编制国家标准填补国内空白"的报道.

［53］网址 http://www.cnbim.com/2014/1217/3203.html,来自 BIM 中国网,题为"国家标准《建筑工程信息模型应用统一标准》通过审查"的报道.

［54］程杰.比目大叔带你看看设计院的 BIM 技术展望［EB/OL］.［2016-06-25］.http://www.unclebim.com/edu/22/1/1703.html.

［55］吴东辉,钱晓丽.BIM 技术在施工领域中的应用前景［J/OL］.石油化工建设,2014,36(6):43-48［2015-08-02］.http://www.docin.com/p-1243304479.html.

［56］网址 http://bbs.zhulong.com/106010_group_3000048/detail30179538,来自筑龙网,题为"BIM 与钢结构碰撞出火花,照亮了建筑界!"的文章.

［57］网址 http://bbs.zhulong.com/106010_group_3000048/detail30210009,来自筑龙网,题为"天大新校区 BIM 破难题又跨越了一个境界!"的文章.

［58］http://www.cngjg.com/gangjiegoushejiwang/ga-ngjiegoushejiwang/bim/2016/0829/359145.html,来自中国钢结构资讯网,题为"日本邮政大厦 BIM 应用案例"的文章.

［59］网址 http://bbs.zhulong.com/106010_group_3000048/detail30172830,来自筑龙网,题为"BIM 是改善城市的一把利剑!!!"的文章.

［60］网址 http://bbs.zhulong.com/106010_group_3000048/detail30210033,来自筑龙网,题为"BIM 软件及理念在工程应用方面的现状分析"的文章.

［61］网址 http://bbs.zhulong.com/106010_group_3000048/detail19211866,来自筑龙网,题为"综合分析 BIM 在运用与推广中的障碍问题"的文章.

［62］网址 http://bbs.zhulong.com/106010_group_3000048/detail30217323,来自筑龙网,题为"BIM 技术在管廊建设 PPP 项目中的应用设想"的文章.

［63］网址 http://bbs.zhulong.com/106010_group_3000048/detail30230592,来自筑龙网,题为"真正的 BIM 运维离我们还有多远?"的文章.

［64］网址 http://bbs.zhulong.com/104020_group_3000033/detail19188949,来自筑龙网,题为"生命周期绿色化是绿色建筑发展必然趋势"的文章.

［65］网址 http://bbs.zhulong.com/106010_group_917/detail30060946,来自筑龙网,题为"BIM 中的全建筑生命周期"的文章.

［66］网址 http://www.bimcn.org/hyxw/201511305563.html,来自中国 BIM 培训网,题为"某生态新城低碳体验馆 BIM 应用实录"的文章.

［67］网址 http://www.qianjia.com/html/2016-03/11_258113.html,来自千家网,题为"读懂智能建筑:建筑智能化的过去与未来"的报道.

［68］网址 http://www.c114.net/news/52/a922960.html,来自 C114 中国通信网,题为"BIM 有望成为智慧城市建设新热点"的文章.

［69］网址 http://www.ocn.com.cn/chanye/201512/ssjfw30093404.shtml,来自中国投资咨询网,题为"我国智能建筑市场格局 智能建筑项目未来发展方向"的文章.

［70］网址 http://wiki.zhulong.com/bim229/type237/topic715499_7.html,来自筑龙网,题为"BIM 与 GIS 结合打造智慧城市"的文章.

［71］聚 BIM 技术之力 圆智慧中国之梦［N/OL］.中国建设报,2016-8-15(8).http://www.precast.com.cn/index.php/subject_detail-id-3512.html.